小尺度

国外城市设计丛书

城市生活空间的小尺度创新设计

[美] 基思·莫斯可
罗伯特·林 著

潘 玼 译

中国建筑工业出版社

著作权合同登记图字：01-2013-6851号

图书在版编目（CIP）数据

城市生活空间的小尺度创新设计 / (美) 基思·莫斯可, (美) 罗伯特·林著; 潘玚译. -- 北京: 中国建筑工业出版社, 2020.9
（国外城市设计丛书）
书名原文: Small Scale: Creative Solutions for Better City Living
ISBN 978-7-112-25429-3

Ⅰ. ①城… Ⅱ. ①基… ②罗… ③潘… Ⅲ. ①城市空间—建筑设计 Ⅳ. ① TU984.1

中国版本图书馆 CIP 数据核字 (2020) 第 260161 号

责任编辑：戚琳琳　段　宁
责任校对：赵　菲

国外城市设计丛书
城市生活空间的小尺度创新设计
Small Scale: Creative Solutions for Better City Living
［美］基思·莫斯可
　　　罗伯特·林　著
　　　　潘　玚　译
＊
中国建筑工业出版社出版、发行（北京海淀三里河路9号）
各地新华书店、建筑书店经销
北京光大印艺文化发展有限公司制版
临西县阅读时光印刷有限公司印刷
＊
开本：787毫米×1092毫米　1/16　印张：14　字数：258千字
2021年1月第一版　　2021年1月第一次印刷
定价：**128.00**元
ISBN 978-7-112-25429-3
（35653）

版权所有　翻印必究
如有印装质量问题，可寄本社图书出版中心退换
（邮政编码 100037）

目　录

内涵型

取悦型

致 谢

感谢小尺度设计项目的供稿者提供给本书的所有素材。没有他们的积极参与，就没有这本书的出版。

感谢我们的合作伙伴Sarah West，作为本书的主要编著成员，她负责与遍布世界各地的供稿者协作，处理数以千计的投稿，并将真知灼见奉献于此书的编纂。

感谢普林斯顿建筑出版社，特别是Becca Casbon和Jennifer Thompson，他们确信"小尺度设计"的重要性，并且为该书从设计到发行的全流程保驾护航。

最后，感谢我的家人：Alison、Erin、Zac、Jake、Jackson和Ava，他们既是同处一室的生活伙伴，又始终是我们工作的坚强后盾。

基恩·莫斯可和罗伯特·林

引 言

八年前，我们坐在朋友的船里荡漾在波士顿港，发现一个随波漂流的铁制船坞搁浅在东波士顿的海滩上。这个废弃破旧的船只修理仓从下锚处剥离并漂流到海滩上已经好几个月了。由于复杂的归属历史和责任纠纷，没有人声称对这条船负责。它就静静地搁浅在那里，阻挡了海岸景观并且妨碍当地居民使用他们的海滩。

我们立刻开始头脑风暴，思考怎样将这个被报纸称作衰败、粗陋的"眼中钉"变成一个有价值的所在。东波士顿（East Boston）缺少绿化空间，于是基于我们自己原始的（也是微不足道的）想法设计了一个可以预制的运动设施，令其可以嵌入这个干船坞衰败的残骸。一旦粉饰一新，这里就可以提供诸如足球场、滚球场（bocce，一种类似保龄球的意大利式球戏——译者注）、儿童游戏场地、休息座椅，以及衣帽存储等各种公共设施。这个概念方案的成功，使我们从此致力于一个长期研究计划：收集世界

范围内建筑师们通过小尺度设计介入城市更新，从而造福于城市居民生活的案例，于是，这本书就应运而生了（图1~图3）。

所谓"城市更新"是致力于解决不断增长的高密度开发与有限的可利用城市土地之间的矛盾，充分利用城市的边角空间、消极空间或是未被定义的城市空间碎片。这种手段优势显著：一是不需要历经多年获得政府许可和监管，二是往往造价低廉。这些微型的建筑嵌入体不需要耗费大量自然资源或者大规模侵扰或调整既有城市空间格局，同时又为大量能源消耗问题提供了一种解决之道。类似发展中国家提供给个体的小额贷款对整个社会经济状况的良性影响，这些微型的建筑更新蕴含着巨大的社会效应。

为了寻求城市特有的新鲜感和机遇，越来越多的人选择在城市生活和工作。本书的案例研究中，无论是纯粹的概念设计还是完全落地的小型设施，都提供了简单

1

2

3

4

5

又具远见卓识的解决方案，以满足当代城
市生活中许多特定的内在需求，诸如可以
用来沉思凝神的空间，用来释放自我的空
间，或是增进社会交往的空间。通过创新
思维开拓易于实施的解决之道，完全可以
使我们的城市变得更美好、更宜居。

为了创造更好的街道家具，本书中的
项目提供了源自不同文化背景的思维策略
和实际设施，这也提醒着我们城市中的革
新由来已久。这些项目的建造传统根源于
历史上的伟大创新，诸如日本的口袋花园
（pocket garden）、标志性的英国红色电话亭
（red English telephone booths）、新艺术派的
巴黎地下铁出入口（the art nouveau Parisian
subway entrances），以及阿姆斯特丹的公
共厕所（图4~图6）我们可以从过去获得启
发，正如本书收录的这些作品：那些揭示
未来的新材料新技术，曾经是科学神话，
最终变成了现实。

这些项目的微小视野和预算决定了它们

6

7

更易于运作和项目落地。通常，较年轻的初创公司更有热情，事实上他们已经通过设计革新对城市文脉产生了一些有意义的贡献。趣味性和自身的企业文化使这些项目更加活泼，更利于以艺术或建筑的方式跨越理想与现实的距离。

那些充满创意的有趣案例并非源自什么宏伟的大规划或造价铺张高昂的公共设施。相反，他们更关注人们的日常生活，提供更贴近生活，有时候甚至是幽默和讽刺的策略，改善城市居民生活，提高城市空间的丰富性与生动性。例如一个公共项目案例是为临时工设计的休息站（Public Architecture's Day Labor Station）（见第28～33页）它在社区里创造了一个短暂的休息空间供劳动者们在白天里能舒适地等候工作（图7）。

基于不同项目的用意，本书收录的小尺度设计项目被粗浅地归为三个类型：致力于提供某种功能服务的；致力于传达某种内在思想的；以及取悦受众的。第一种是服务型和功能型的，为满足特定的需求而设计。这一类项目的设计者往往是意识到某个区域在实际使用中存在一些设计盲区，诸如遮阳、纳凉、供给、清洁和安全等需求。而富于思想内涵型的一类设计注重与公众分享关于本地独有的信息及其解读，从而传递给人们关于自身生存环境的透彻理解，聚焦教育、探索和反思等等。最后一种类型的革新意图通过愉悦受众，为城市景观增添美感、吸引力、娱乐或趣味性。

功能型

拉达尔曼: 母子桥
LA DALLMAN:
MARSUPIAL BRIDGE

密尔沃基，美国威斯康星州
MILWAUKEE, WISCONSIN

背景

　　如同许多进入后工业文明的北美城市，由于没有因地制宜地城市规划就大量兴建城市基础设施，威斯康星州的密尔沃基充满了伴随基础建设而产生的大量剩余间隙空间。正是这座多流线的母子桥项目带动了此类区域的新生。与该项目毗邻的是1925年建造的横跨密尔沃基河（Milwaukee River）的霍尔顿高架路（HoIton Street）。这条高架路所在位置正是威斯康星州东南部居住密度最高的核心居住区，然而这个曾经在城市再生中兴起的新区却从20世纪中叶起就经历着戏剧化的人口流失。

　　该项目以一种别样的改造形式激活了这个棕色地带，成为连接起这个被遗忘的空间、空荡荡的店铺、废弃的工业区，以及缺乏规划的交通网所包围的社区的纽带。这片没有权属的区域获得了新生，对城市步行者产生新的吸引力，从这里走过仿佛穿越一个精心打造的工艺品。同时，项目的周边空地也成为可供使用的城市公共空间。

功能型

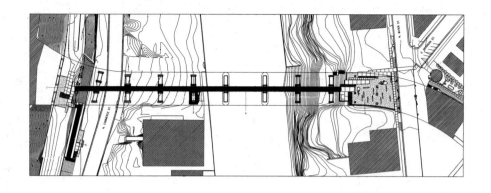

方案

　　这个项目由复合交织的几部分构成：并行、从属或穿越了原有高架。一个媒体公园作为一个公共据点和都市广场，同母子桥一起提供了一个崭新的方式将步行与自行车系统整合。额外的改进还包括位于桥头的一个公交车亭，以及途中可以驻足远眺的平台。

　　媒体公园将一个不安全的桥下空间变成了一个可以举办电影节、帆船赛和其他滨河活动的公共聚集场所。由于媒体公园的位置处于既有高架线内，缺少植物生长需要的自然采光，这为设计带来不寻常的挑战。相应的，这个区域也不能从传统的景观设计角度来予以定义，比如，混凝土的休闲座椅混杂在月球表面一样的砾石铺面和可供坐憩的大卵石之中。白天，这些座椅可以供通过母子桥的步行者和骑自行车的人小憩；夜晚，座椅内置的灯具发出光亮，使这个广场变成了该社区的一个灯塔，照亮了周边。这个设计策略挑战了以

城镇广场或乡村绿地作为公共空间的传统理念，使消极的桥下空间拥有了场所感。

　　这座穿越高架的母子桥利用现存的高架结构作为主体，原本这个高架是为有轨电车设计的，后来这种交通方式被20世纪90年代初日渐兴起的小轿车所取代。母子桥巧妙地悬挂在原有框架体系的中间三分之一处，适应交通方式的转变，满足日益发展的步行与自行车相结合的需求。这个桥成为一个"绿色高架"，激活了原有高架下的无用空间，鼓励交通方式的转变，使社区居民方便抵达户外设施、密尔沃基城市中心以及布雷迪街（Brady street）的商业区。母子桥起伏的混凝土甲板与既有高架的钢铁构件相对位，像一个波浪成为整个结构的新脊柱。地板照明整合进侧面包边构造后方，其上布置有精致而夸张的灯罩装置，通过局部照明形成一条光带，并保证最大限度地减少对滨河景观的干扰。

　　　　　　　　　　　　　　　　　功能型

母子桥

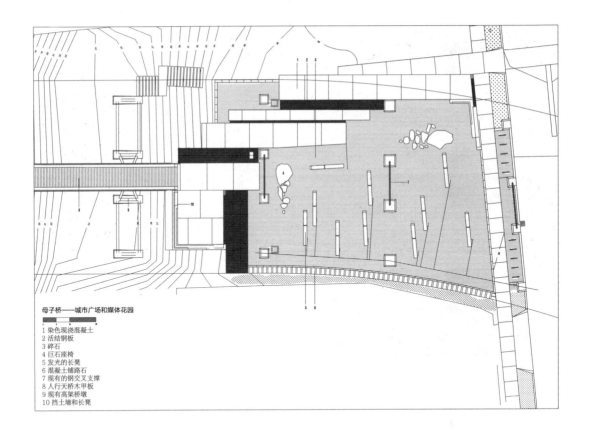

母子桥——城市广场和媒体花园

1 染色现浇混凝土
2 活结钢板
3 碎石
4 巨石座椅
5 发光的长凳
6 混凝土铺路石
7 现有的钢交叉支撑
8 人行天桥木甲板
9 现有高架桥墩
10 挡土墙和长凳

　　　　　　　　　　　　　　　　　功能型

母子桥

莫斯可·林建筑事务所: 自动存车机
MOSKOW LINN ARCHITECTS: ZIPCAR DISPENSER[1]

波士顿，美国马萨诸塞州
BOSTON, MASSACHUSETTS

背景

热布卡（ZIPCAR）是一家遍布北美和英国50多个城市的汽车共享公司。热布卡的业务提供了一种网上预约、随时叫车的小汽车交通出行方案。每一辆"热布卡"据说取代了7到10辆私家车，缓解了出行和停车的拥堵问题，并且减少了造成温室效应的尾气排放量。

方案

热布卡供车装置解决了公司最大的难题，在交通需求量最大的城市高密度区，使那些可供租用的车辆获得了固定停车空间。这个供车装置采用自助式、机械化、竖向堆放的模式，像一个巨大的PEZ[2]糖果自动售货机。只不过，这里发放的是汽车而不是糖果。该设计允许7辆热布卡车竖向堆放起来，停放在相当于并行两辆车即9×18平方英尺大小的占地面积里。同时在这个存车装置的概念里，所有被热布卡租用的小汽车一律都是大众的甲壳虫车，从而不需要考虑客户车辆种类或断面尺寸的不同。

---

1 热布卡（Zipcar）是一家波士顿的小车租赁公司。这家位于马萨诸塞州坎布里奇市的公司通过由全体成员共享的车队，向城市居民提供私人车辆租用。——译者注

2 PEZ：1927年成立于奥地利的著名糖果公司，每年仅在美国一地PEZ糖果的销量就超过了30亿颗。——译者注

功能型

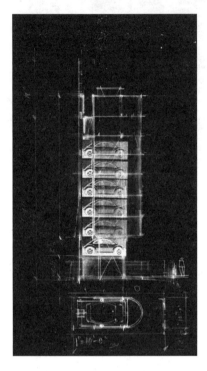

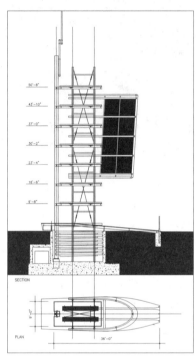

　　一旦一个热布卡会员把自己的会员卡插入存车机的读卡器里，一个透明的舱体就下降到街道地表，避免了人进入机械装置。当玻璃罩上升时，获得租用的小汽车被放下。当还车时这个运作流程则相反。此外，这个塔状的形态有很高的识别度，象征着一个公司正在崛起，使热布卡形象在城市中被最大化地呈现出来，并且，往往还可以作为高耸的标识张贴广告牌。

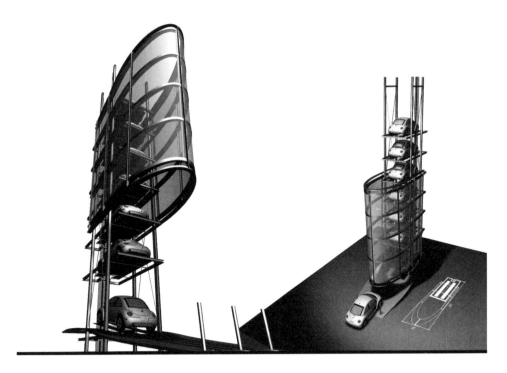

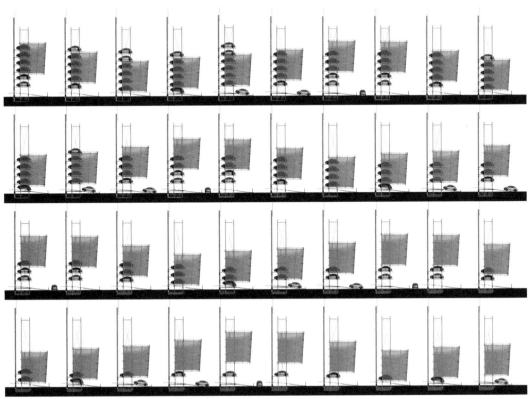

自动存车机

地面（设计事务所）：超自然力装置
GROUND: SUPERNATURAL

温哥华，加拿大不列颠哥伦比亚省

VANCOUVER, BRITISH COLUMBIA

背景

　　沿着位于不列颠哥伦比亚的温哥华公园快车道（Garden Drive），"超自然物"装置被安置在了临近的三个交叉路口。这里往日是一条安静的居民区道路，然而由于它接近通勤必经的交通要道，这条公园快车道已经成为在高峰时最受车辆欢迎的抄近道之处。由温哥华公共艺术项目发起的两轮设计竞赛，要求设置三个小环岛，充当交通警示装置以迫使车辆减速，为步行者提供安全的路口空间，同时杜绝试图抄近道的往来车辆。

方案

　　这个被采纳的方案，将双重意味隐含在了一个短语里："太棒了，自然的不列颠哥伦比亚"（Super, Natural British Columbia）——旅游局的宣传语。这样一来温哥华的定义仿佛是一个矛盾体：一方面以一个原生态的形象为典范，另一方面是高密度发展的都市。以超自然力量定义的"大地"项目把岩石的原始状态和高密度城市的基础设施以一种激烈冲撞的方式并置，使彼此得以强化。

功能型

公园快车道和牛津街

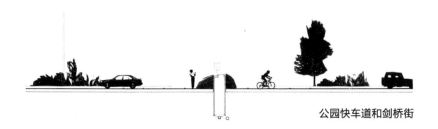

公园快车道和剑桥街

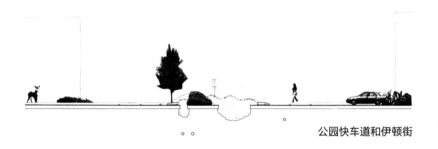

公园快车道和伊顿街

通过策划这样一个微小的超自然或者说非自然的装置,自然界与都市的连接被强化出来。在其中两个交叉点,巨石看起来像是被随意抛掷在马路中央。在第三个交叉口,巨石被安置在一个装饰性的草坪里,周围包了一个混凝土圆环。虽然他们看起来像街道景观的一个外来闯入者,然而作为交通系统的一个要素,岩石的尺度其实是精心设计过的。基于其高度、比例和切面角度几方面的整合,岩石干扰了人们的视线,从而减慢和重新组织了交通模式。当然基于街道交通提示线的限定,也兼顾了人行道和车辆驾驶室的可视性。

这个矗立在往来车辆反光镜视线内的充满超自然力的巨石,成为该地区的标识;而对于过街行人,它成为城市街道的日常要素,也成为艺术化手段实现的地区标志。与巨大冷漠一动不动的石头相对比,"保持右行"的标识被有意地设计成一个带有临时性质,仿佛是仓促间竖立的提示牌,进一步暗示了这个城市中的巨石宛若天外来客般的存在。

功能型

超自然力裝置   27

公共建筑（设计事务所）：临时工站亭
PUBLIC ARCHITECTURE: DAY LABOR STATION

原型设计

PROTOTYPE DESIGN

背景

在美国，每天有超过110 000人在寻找临时工的工作。其中超过75%的临时工雇佣点占用的空间原本有其他用途，比如街角、改造的仓库或存车处。其中部分原因显而易见，即临时工通常被视作诸如乡村破产移民、日益增长的依靠最低收入或打零工的几类人群。有时候居民、商家、城市官员和警察局也在试图解决这些找工作的临时工边缘化或犯罪化的社会问题。

方案

设计通常被视作是昂贵的，甚至作为比政治声明或法律规则更有影响力和持久效力的工具。临时工站点是一种原型设计策略——它创造性地提供了一种载体，改善了社区中临时工的生存境况，作为一个模式可以被任何人复制。临时工作为服务对象的同时也参与到这个服务站的规划、建造和维护中。

这个服务站提供了一个等候工作时的遮蔽空间和休憩设施。户外开敞的座席令工人与潜在主顾之间最大限度地达成一种

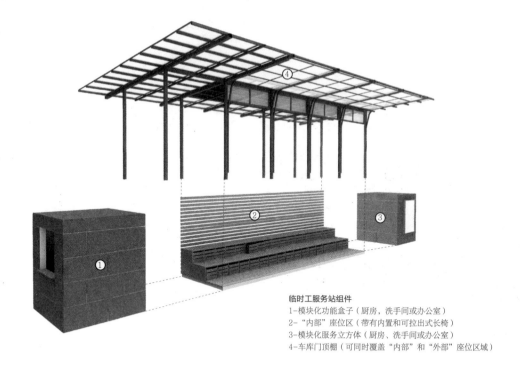

临时工服务站组件
1-模块化功能盒子（厨房，洗手间或办公室）
2-"内部"座位区（带有内置和可拉出式长椅）
3-模块化服务立方体（厨房、洗手间或办公室）
4-车库门顶棚（可同时覆盖"内部"和"外部"座位区域）

可视化的联结。对于工人而言，这种可视化的联结场所有助于他们达成一个公平交易的进程。作为一个雇佣中心、教室和会议空间，绿色材料和策略的采用使这个服务站得以实现对环境影响的最小化，同时也实现了社会效益和经济效益的可持续性。此外，它还包含了一个厨房，提供了可以创收的餐饮服务，或者如果条件允许，可包含一个具有公共事务管理功能的小型办公室。

通过为劳动者在公众领域创造更有尊严的存在感，这个服务站及其所倡导的原创精神，也激发了关于临时工在社区架构中的角色热议。

半透明聚碳酸酯纤维平板雨棚
顶棚允许自然光通过的同时为休息中的工人遮荫。

车库门顶棚
门开启后形成雨棚。数小时后，大门又降落下来，成为站点的安全性围护

光伏板
作为顶棚系统的一部分，光伏板使该站点在无电网连接的情况下正常运行。

信息板
该板可以用作发布工作清单、日常通告，以及信息交流。

模块化功能盒
模仿移动食品推车，灵活的零件组装设计允许嵌入餐饮服务设施。

社区福利
站点的运行可以与一些邻里元素联动，比如社区花园等。

内置长凳
两排长凳为工人提供永久性座位。长凳下方可用作存储空间。

临时工作为客户
临时工被视为该项目的客户，并参与了设计方案原型开发。

抽拉长椅
所有长凳由来自本地或有质量认证的木材制成。

二手广告牌 乙烯基包装面板
面板提供动态、持续的外观并且作为屏幕系统成为避雨站的一部分。

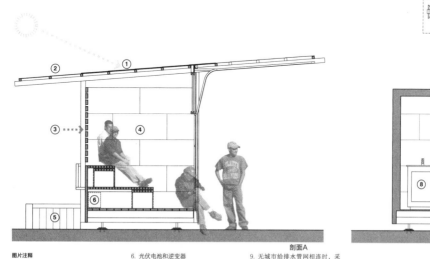

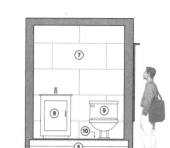

剖面A

剖面B

图片注释

1. 光伏模块
2. 半透明的聚碳酸酯面板
3. 坐席区的通风
4. 用回收广告牌制作的乙烯基包裹面板
5. 本地采购，回收再利用或认证木材（全站点通用）
6. 光伏电池和逆变器
7. 纤维水泥板
8. 小流量水槽（下水的灰水过滤系统还可视需要与坐便器连接）
   （灰水，指家用冲澡、洗碗、洗衣等(不含厕所)之后的水。——译者注）
9. 无城市给排水管网相连时，采用烘干或焚化马桶；与城市管网连接时，采用低流量马桶
10. 再生PVC地砖

临时工站亭

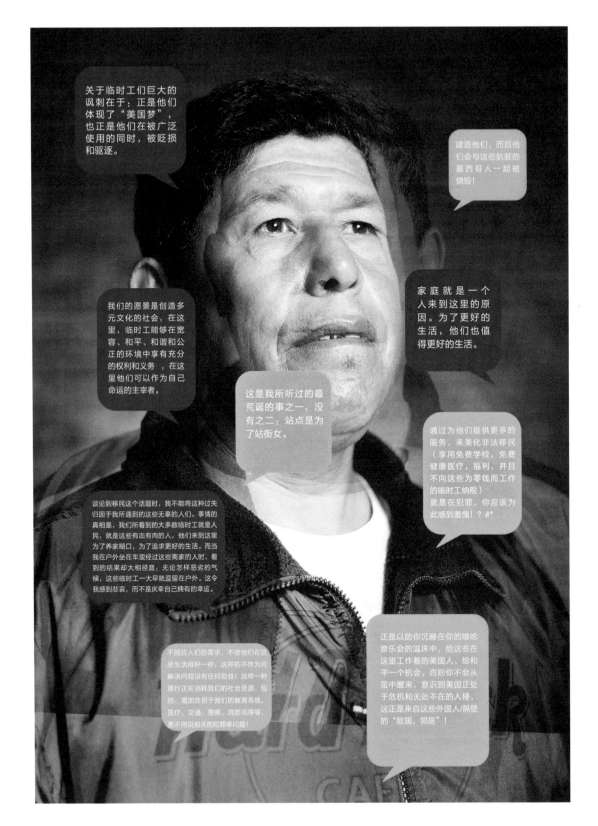

功能型

卫生间

卫生间是适应关键需求的基本设施，在大多数非正式场所又往往是最缺乏的。在那些有大量临时工人口的环境，临时工站设计理念的灵活性使其不仅仅适合单个卫生间单元。

办公室

临时工具有高度组织化，该站不仅具有举行会议的潜力，当临时工需要协调者时，这个立方体还可以被设计为办公室。

厨房

厨房可以提供餐饮服务，作为该站的一个收入，同时还可以供附近的雇主或顾客志愿者在这里为工人提供培训餐饮服务的机会，不仅如此，它还为社交互动制造了焦点。

临时工站亭

海瑟威克工作室: 卷曲桥
HEATHERWICK STUDIO: ROLLING BRIDGE

伦敦, 英国
LONDON, UNITED KINGDOM

背景

　　卷曲桥,是伦敦中心区投资五百万英镑建设的帕丁顿滨水区域项目的一部分。它的来历源自一个步行桥委员会,位于大运河入口,为工人和居民提供一个步行抵达的路线。关键是,这个桥需要在它开通的同时允许船舶停靠和自由进出航行。

方案

　　海瑟威克工作室设计的卷曲桥开通是通过缓慢顺滑的可卷起装置实现的:从方便步行者的平台变形为一个立于运河岸边的圆形雕塑,而不是作为一个孤立、呆板的元素打断河道的水运通行。该工作室的目标是通过设计发挥桥的功能,同时,以一种超凡脱俗的形式呈现可活动性。基于脑海中这样的想法,建筑师尽可能令此桥的设计保持简单,直到它开动起来都深藏不露真正的特性。

　　这个结构的运行是采用了一系列安装在木质平台中的液压油缸来实现的。当它卷曲时,八个片段的每一个部分同时升起形成卷曲,直到头尾相接形成闭合的圆

弧。此桥可以停顿在运行轨迹中任何一点，哪怕是刚开始的阶段，看起来几乎是空中悬停，或者是当它在舒展的半途中。卷曲桥每周开通和收起多次，包括每周五中午。

　　机械工程公司SKM Anthony Hunt基于海瑟威克工作室的理念，并与之协作实现了这个项目。整个结构在苏赛克斯河（Sussex）河畔的利特尔汉普顿焊接厂（Littlehampton Welding）建造完成，然后通过沿联邦大运河水运，最终吊装到位，并且连接到电力驱动装置上。

功能型

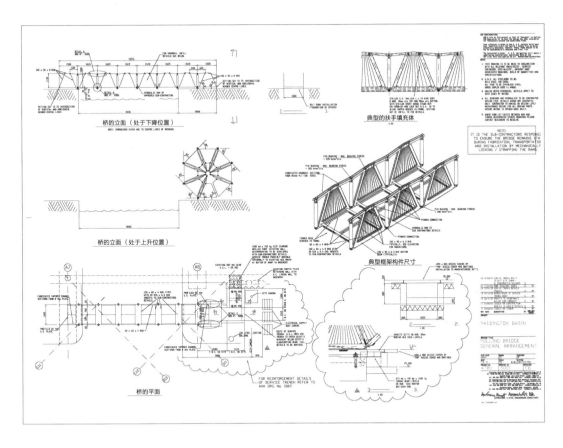

桥的立面（处于下降位置）

典型的扶手填充体

桥的立面（处于上升位置）

典型框架构件尺寸

桥的平面

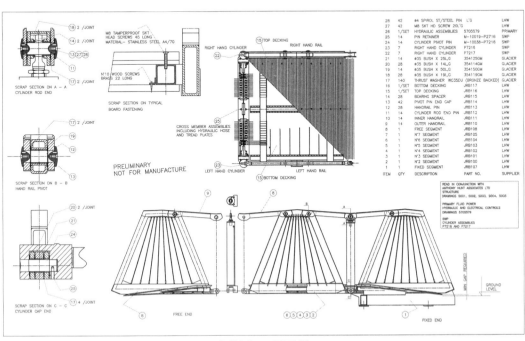

PRELIMINARY
NOT FOR MANUFACTURE

ITEM	QTY	DESCRIPTION	PART NO.	SUPPLIER
28	42	#4 SPIROL ST/STEEL PIN L'G		LHW
27	42	M8.5KT HD SCREW 20L'G		PRIMARY
26	1/SET	HYDRAULIC ASSEMBLIES	5705579	PRIMARY
25	14	PIN RETAINER	W-10019-P2716	SWP
24	14	CYLINDER PIVOT PIN	W-10038-P2716	SWP
23	7	RIGHT HAND CYLINDER	P7218	SWP
22	14	RIGHT HAND CYLINDER	P7217	SWP
21	14	#35 BUSH X 25L,G	354125GM	GLACIER
20	28	#35 BUSH X 14L,G	354114GM	GLACIER
19	14	#35 BUSH X 50L,G	354150GM	GLACIER
18	28	#35 BUSH X 19L,G	354119GM	GLACIER
17	140	THRUST WASHER WC35DU (BRONZE BACKED)		GLACIER
16	1/SET	BOTTOM DECKING	JRB117	LHW
15	1/SET	TOP DECKING	JRB116	LHW
14	28	BEARING SPACER	JRB115	LHW
13	42	PIVOT PIN END CAP	JRB114	LHW
12	28	HANDRAIL PIN	JRB113	LHW
11	14	CYLINDER ROD END PIN	JRB112	LHW
10	14	INNER HANDRAIL	JRB111	LHW
9	14	OUTER HANDRAIL	JRB110	LHW
8	1	FREE END SEGMENT	JRB108	LHW
7	1	N'7 SEGMENT	JRB105	LHW
6	1	N'6 SEGMENT	JRB104	LHW
5	1	N'5 SEGMENT	JRB103	LHW
4	1	N'4 SEGMENT	JRB102	LHW
3	1	N'3 SEGMENT	JRB101	LHW
2	1	N'2 SEGMENT	JRB100	LHW
1	1	FIXED SEGMENT	JRB107	LHW

READ IN CONJUNCTION WITH
ANTHONY HUNT ASSOCIATES LTD
STRUCTURE
DRAWINGS S001, S002, S003, S004, S005

PRIMARY FLUID POWER
HYDRAULIC AND ELECTRICAL CONTROLS
DRAWINGS 5705579

SWP
CYLINDER ASSEMBLIES
P7218 AND P7217

SCRAP SECTION ON A – A
CYLINDER ROD END

SCRAP SECTION ON B – B
HAND RAIL PIVOT

SCRAP SECTION ON C – C
CYLINDER CAP END

FREE END

FIXED END

仅供参考，不用于制造

卷曲桥

罗杰斯·马威尔建筑师事务所：老虎陷阱装置
ROGERS MARVEL ARCHITECTECT: TIGERTRAP
原型设计
PROTOTYPE DESIGN

背景

在今天的世界，通常会以安全性的视角对一栋建筑和一个公众场所进行评价。美国的景观设计在历史上并不习惯于安全设施至上，我们的高密度城市空间并不情愿妥善处理由安全条例的强制实施带来的那些棘手的传统问题。其实建筑的安全性本该和技术问题一样是设计应该解决的问题。岩石12安全建筑（Rock 12 Security Architecture）和罗杰斯·马威尔建筑事务所（Rogers Marvel Architects）两家事务所设计的老虎陷阱（TigerTrap）装置，提供全局性的解决方案来寻求机械工程安保和居民公共生活领域功能需求之间的平衡点。

方案

老虎陷阱装置，源自一个创造性的设计理念以减少安全强制保护装置对公共空间的视觉影响。它设置在地下，以可压缩的混凝土材料与步行空间元素相连接，比如座椅、矮墙或其他土方工程。可压缩混凝土经仔细校核，可以承受行人荷载，但在车辆的重力下就会塌陷。通过降低标高和减缓交通工具的冲击速度，安全屏障的感觉被最小化。对于空间充裕的地点，结合老虎陷阱装置的路障措施可以整体设置在地下，以尽量减少地面可见的安全元

功能型

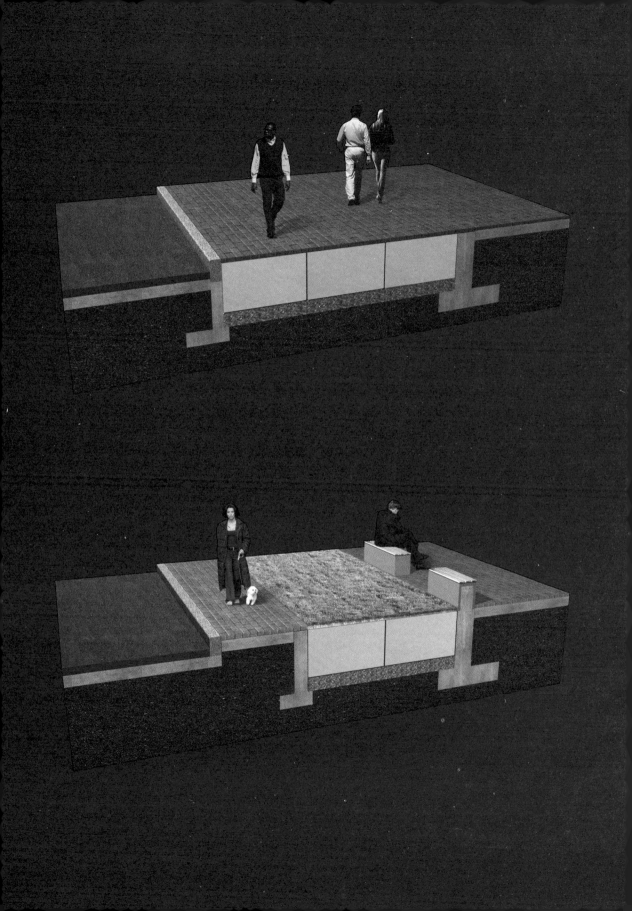

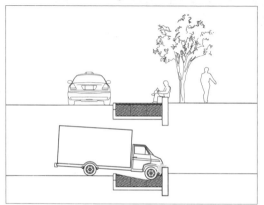

素。这个系统经试验在很多不同材料的表面都能发挥作用，如带有步行交通的卵石地面和草坪。

通过与工程阻拦系统公司（ESCO，Engineered Arresting Systems Corporation）合作，老虎陷阱装置作为可适应各种特定场所的用户定制产品，目前已经被安装在了纽约的巴特利公园城（Battery Park City），保护着纽约商品交易所（New York Mercantile Exchange）和世界金融中心（World Financial Center）。

老虎陷阱装置

建筑生态城市系统事务所: 生态大道
ECOSISTEMA URBANO
ARQUITECTOS: ECOBOULEVARD

瓦列卡斯，西班牙

VALLECAS, SPAIN

背景

西班牙瓦列卡斯（Vallecas），是一个缺乏规划的郊区社区。生态大道设计竞赛的内容包括两个组成部分：发起一场地方社区活动；创造一处生态环保的户外空间。既然公共空间属于社区的每个成员，而允许人们自由、自发参与的公共活动才能获得所有人的支持。

方案

该地区的社区活动匮乏，部分原因源自之前的规划方案，生态城市设计建筑事务所（Ecosistema Urbano Arquitectos）提出的生态大道设计方案在这一点上有所弥补。事务所相信对于这个公共空间最恰当的改变将是增加有足够宽度和立体感的树阵，而这需要让树苗经过15~20年的充分生长才能有效果。取而代之的，建筑师创造性地提出了一个充满能量活力的解决策略，它可以即刻实现这些树木在未来多年才能收获的效果。他们采取了一种优势集中的策略,选择社区中适合该理念的特定区域，使其发挥应有的作用，成为公共空间再生进程中的"种子"。

生态大道的基本框架由三个场馆组

功能型

成，可以根据使用者的选择，适应多种活
动的需求。这些场馆承担着如下的功能：
从空旷无意义的既有空间中定义出一个社
会空间；遮阳或过滤阳光；重新组织交
通，减轻交通工具分布不均的环境状况。
作为临时设施，这些设置于瓦列卡斯的帐
篷型装置会一直使用，直到不活跃的邻里
气氛和不适宜的气候问题得到纠正。一旦
这一必要的时期结束，这个装置就会被拆
除，而它之前所处的场所将在树林中作为
空地保留下来。

　　　　　　　　　　　功能型

生态大道

功能型

生态大道   49

马查多和西尔维蒂合伙人事务所：杜威广场梅塔中心
MACHADO AND SILVETTI ASSOCIATES : DEWEY SQUARE META HEAD HOUSES

波士顿，美国马萨诸塞州
BOSTON, MASSACHUSETTS

背景

杜威广场位于波士顿经济特区，旁边紧邻着一个相当大的私人广场。此处与城市主干道的隧道工程相连接，关于这个城市广场以及周围的购物广场的重新设计由私人投资而发起，该项目希望将这片公共场所与私人广场整合为一个城中独一无二的当代城市空间。

方案

为了保持这个公共空间的与众不同、包容性和先进性，马查多和西尔维蒂合伙人事务所将该项目中的多个要素精心编排在一起构成了场所的多样性。广场的整个铺地仿佛是由连续不断的石头和混凝土组成的地毯，上面布置了一系列互不相干的独立个体。铺地的图案反映了广场的巨大尺度，大量条纹在宽度上不断变化以适应不同的物体。每个组成部分都被精心安排，从而与进入广场的主要步行通道顶棚建立视觉联系。

马萨诸塞海湾交通委员会（Massa-chusetts Bay Transportation Authority）

功能型

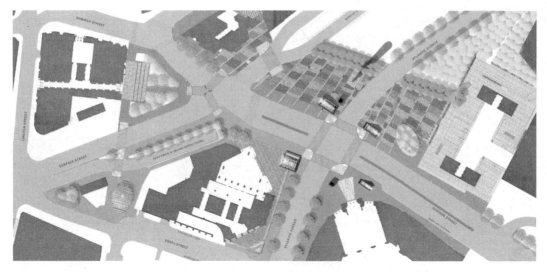

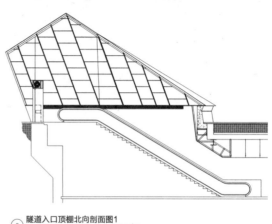

隧道出入口可以直接通往地铁的入口，它的玻璃采光顶赋予杜威广场辖区一个醒目的可识别性，并且在夜里成为闪闪发光的灯塔。这一切暗示着一种设计理念：相较于周围作为私有空间的办公建筑玻璃门厅，将复杂的隧道入口顶棚演绎为一个公共区域，复兴了杜威广场的都市活力。

功能型

设计实验室: 发光伞与照明小屋
DESIGNLAB: PARASOL AND LIGHT ROOMS

波士顿, 美国马萨诸塞州
BOSTON, MASSACHUSETTS

背景

大约超过一千万的美国人有着季节性情绪失调（SAD）的症状，全球范围内人数则更多，并且处于北纬地区的国家有着更高的发病率。研究人员认为治疗过程中明亮的照明能够振作低落的情绪，并且有利于重启良性的睡眠循环。设计研究工作室提出了双向功能的解决之道：带照明的遮阳伞，在漫漫冬夜给人以安慰。

方案 / 发光伞

这个遮阳伞仿佛赋予现代都市人一个个人光环，即使在最糟糕的天气里，也能制造动人的时尚感，它是独特的标志性装饰物，同时又以实用性作为坚实基础。由动作传感器供电，防水的顶部表面是压电材料（天然的压电材料有石英、电气石等；人工合成材料有人工石英、压电陶瓷——译者注），下部是轻质的电发光材料放射全波段光谱。雨下得越大，伞下发出的光越亮，为一个光线暗淡的白天带来光亮。

照明遮阳伞简直是拨云见日，一个可

功能型

发光伞与照明小屋

功能型

以制造独立的光晕，几个可以制造温暖的
"炉边空间"，成为一片散发着温暖的供
使用者聚集的所在。照明遮阳成为人们雨
天在户外逗留和交往的理由。一个使用者
被吸引到另一个使用者的身边，在湿漉漉
的雨天友谊就发生了。

方案 / 照明小屋

　　照明小屋由透明的聚碳酸酯材料构
成，内部包含了最多可以供12个人就座的
简单座椅。10,000勒克斯的照明光源透过
一片不透明的墙放射出全波段光，它照亮
整个房间内部的同时，也为社区邻里创造
了一个发光的灯塔，两全其美。

扎哈·哈迪德建筑事务所: 都市星云装置
ZAHA HADID ARCHITECTS: URBAN NEBULA

伦敦, 英国

LONDON, UNITED KINGDOM

背景

都市星云装置是由扎哈事务所于2007年为伦敦设计节创作的。该方案试图追求预制混凝土能够以全新的表达形式呈现: 既作为一种建筑材料, 又使其液态的流动性可视化, 从而增强城市空间的诗意。

方案

通过将传统可重复塑造的模具技术与现代计算机数控技术(CNC)相结合, 扎哈事务所创造了一系列外观一致但每个部件内部又互不形同的基本单元。得名于它的外观如同大气星云, 构成作品的每一个独立单元创造了宛若星云结构的流动感, 而一向被视为呆板的混凝土材料恰恰体现出如此神秘的矛盾性。组合结构的每个独立单元及其所在位置之间形成了六边形和三角形的空隙, 这恰好体现了一个云团的黑暗与光亮区域。

这个重达30吨的黑色抛光预制混凝土装置由150个体块组成。每个安装件的尺寸为8 × 37 ×15立方英尺, 它们彼此拴

功能型

接起来构成一道透光的墙，这道墙也可以流畅地变身为一个家具，仿佛完美演绎了建筑作为一个材料体系的同时又可作为一尊雕塑而存在。都市星云看起来具有干垒石墙（墙体结构靠石头之间的自我咬合而无需砂浆粘合）的特点，同时又采取了河床卵石那般抛光表面的外观。

　　一个标准单元完整的原始想法乃至一系列终期效果都是由计算机三维软件模拟绘制的。而每一个独立单元的制造则是出自标准的不锈钢磨具，磨具里嵌入了由计算机控制切割的聚苯乙烯端部构件，同时以不锈钢的锚具固定。"由计算机软件主导的新设计环境，使我们从根本上得以重新思考形式和空间。我们致力于新材料应用的拓展，而无需再考虑过去由于应用条件限制而赋予材料的局限性。新的制造工艺扮演了重要的角色，使流动性和多孔性在我们的建筑作品语言中显而易见，并且，成为使作品具有雕塑般感染力的一个重要因素。"正如扎哈·哈迪德所说："都市星云的复杂性所投射出的结构极端形式与体系的变革对所有人来说都是一个

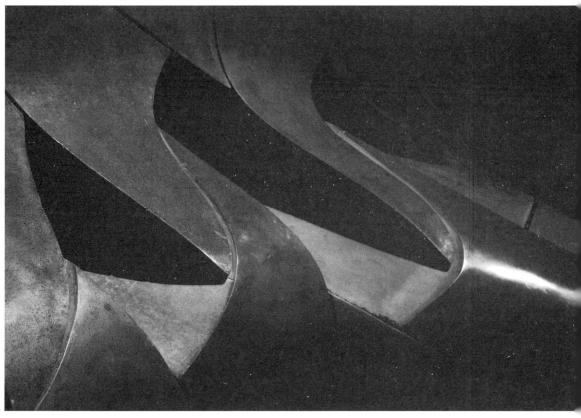

激动人心的挑战。"

为了解决实现自由形式建筑结构的潜在问题，扎哈·哈迪德建筑师事务所与骨料行业合作，探索混凝土的塑性。骨料行业厂家在精密施工、模具技术和配合比设计方面的经验使这次高水平实践得以实现，城市星云装置不仅具有强烈的色彩，并且如期望中那样每个混凝土元件都具有极高的尺寸公差和表面光洁度。

功能型

莫斯可·林建筑师事务所: 河道精灵装置
MOSKOW LINN ARCHITECTS: RIVER GENIE
都市河道清洁器概念设计
PROTOTYPE URBAN RIVER CLEANSER

背景

每年全球有上百万吨的垃圾在沿着河道漂流。其中大量高度集中在城市及其周边。漂浮垃圾污染了水资源，威胁着海洋生物和野生鸟类，影响着景观视野。"河道精灵"正是用来被动式地收集这些水生环境的不速之客。

方案

河道精灵的设计基于将美国本土的捕鱼网和倍儿乐尿不湿产品（美国婴儿用品——译者注）这两种模式整合。河道精灵舱体被固定在河床底部并且朝向与水流方向相反。漂流的垃圾在水面上掠过时会被漏斗过滤进一个扩张开的网里，这个网处于被监控中，因而装满以后可替换。逃生过滤百叶被设置在网口部以保护和防止套住水生物。环保树脂制成的透明壳体作为浮筒，由一个坚固的框架支撑，安装在舱体两侧。夜晚，浮筒被内部的太阳能LED装置照亮，放射出柔和的光线恰似日式纸灯笼，提醒着往来船只它们的存在。河道精灵作为一款概念产品在2008年韩国设计界的奥林匹克比赛中获得金奖。

功能型

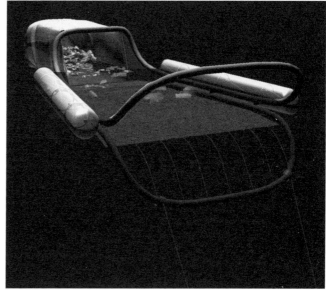

河道精灵装置

犬吠工坊: 白色豪华餐车
ATELIER BOW-WOW:
WHITE LIMOUSINE YATAI

新潟, 日本
NIIGATA, JAPAN

背景

日本路边摊（街边餐车）在马路边提供食物，拥有绝妙的吸引力使人们聚集在一起，且激发人与人之间的互动。典型的路边摊通常是5英尺长，由一个人操作。受这一形式启发，犬吠工坊设计了一款豪华路边餐车

方案

白色豪华路边餐车长达33英尺，可以供更多人聚集在周围并且提升了都市的吸引力。它在2003日本新潟市的越后妻有艺术三年展上亮相。这个通体被漆成白色的超长路边摊，出现在了许多活动中并营造出一个微型公共空间。尽管每一次出现在街角都造成了小小的交通拥堵，但它讨喜的外形令人开怀。参考了降雪地区节庆时的样子，建筑师选择在餐车里供应白色或透明的当地特色食物（日本的米酒、豆腐、白色的萝卜泡菜）。

功能型

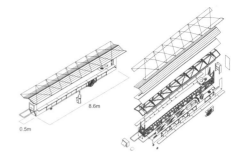

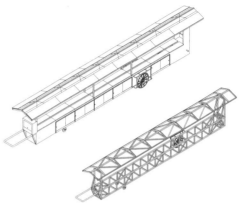

白色豪华餐车

BOORA建筑事务所: 艺术节临时综合体
BOORA: TEMPORARY EVENT COMPLEX
波特兰, 美国俄勒冈州
PORTLAND, OREGON

背景

　　当代综合艺术节是由波特兰当代艺术委员会（PICA）于2005年以时代背景为基础创办的艺术节，它为城市带来十天的当代艺术演出以及由视觉艺术家提供的其他演出、展览、沙龙工作坊和演讲。

　　艺术节期间每一天活动结束时，艺术家和观众们离开那些作品来到深夜的目的地，这里提供食物、酒吧、卡巴莱（cabaret）[1]、戏剧坊、音乐和舞蹈节目。每年，PICA都为这一节目寻求一个与以往不同的地点，并且邀请公益设计团队来创造革新性的临时设施来作为举办场地。

　　Boora为此活动设计了一个完整的立方体单元，以缩小的比例再现了波特兰西北邻里商业的典型场景。一个19世纪的结构坐落在用地的东半边，它原本作为美国富国银行（Wells Fargo Stagecoach）的马车驿站、马厩和干草棚，而一个服务于船舶运输往来的、有着装载码头立面的库房，装货港湾、船坞，以及那些高过头顶的仓库门，共享了基地的西半边，此外还

1　晚间提供歌舞表演的餐馆或夜总会。——译者注

功能型

艺术节临时综合体

附带一个柏油铺地的服务小院。

方案

正是源于两个独立空间的封闭性、大容量以及跨度的天然吻合，即内在空间逻辑的一致性，决定了过去的马车驿站和库房建筑 现在可变成有一百个座位的戏剧工作坊和卡巴莱歌舞表演空间。在基地的另一端也就是柏油铺地的服务小院里，一个脚手架结构用橘色护栏构造和音乐会帆布顶棚包裹起来，为大量人群提供了一个带遮阳棚的花园。在其附近，卡巴莱歌舞大厅吊在空中的入口门廊可以多种方式开启或闭合，为形式不同的卡巴莱提供了多种选择，或封闭式或开敞、允许声音外传。而临近地面仓库装货区的另一些卡巴莱则变成餐厅，露天啤酒花园，装饰着盆栽树木，提供座椅和户外餐饮。带有围护构造的脚手架位于啤酒花园背后，掩藏着临时洗手间和备餐空间。

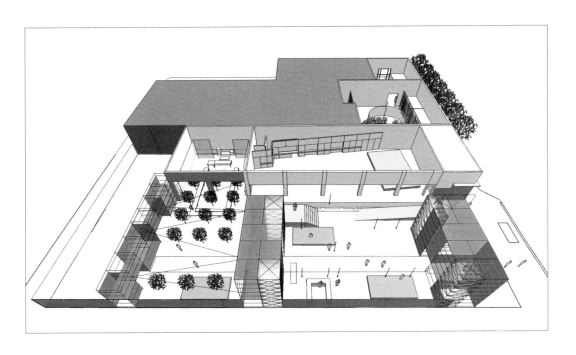

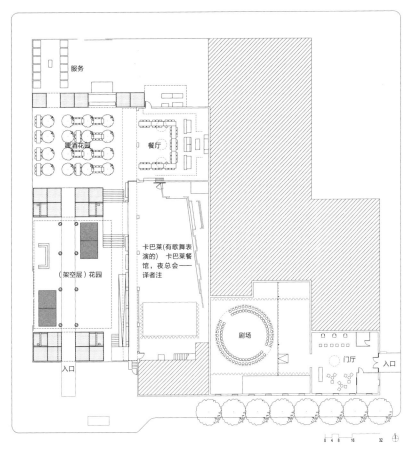

服务

啤酒花园

餐厅

（架空层）花园

卡巴莱(有歌舞表演的）卡巴莱餐馆，夜总会——译者注

剧场

门厅

入口

入口

0 4 8   16   32

艺术节临时综合体

建筑师克莱胡斯为沃尔股份公司而设计: 都市卫生间
JOSEF PAUL KLEIHUES FOR WALL AG: CITY-PISSOR

杜塞尔多夫以及明斯特, 德国柏林
BERLIN, DUSSELDORF, AND MÜNSTER, GERMANY

背景

1997年至2004年间, 建筑师约瑟夫·保罗·克莱夫思 (Josef Paul Kleihues) 为国际性的街道家具供应商以及户外广告商沃尔股份公司 (Wall AG) 设计了许多单元设施。其中的一个装置就是城市洗手间, 一个公共的小便池, 它是系列产品"街道风景线"的一部分。这一系列是专门为城市核心区而设计的。Kleihues于1997年开创了"街道景观线", 自从那时"都市卫生间"在德国柏林、杜塞尔多夫和明斯特都有设置。

方案

约瑟夫·保罗·克莱夫思设计的大多数街道家具都遵循一个类型或模式原则: 适合成套生产或整个产品系列的单元通用。城市卫生间作为一个清洁装置, 要求尽可能少地占用空间。极小占地面积和谨慎的设计使得它能够轻易与既有城市景观相融合。在诸如火车站和购物中心这样出现频率很高的区域, 它满足了公众的急需。

都市卫生间的室内包含一个盥洗间和一个小便池, 由一道磨砂玻璃板分隔。盥洗间配有洗手盆, 并带有感应控制的冷水龙头, 洗手液喷口以及电动烘干机。节水的同时又能满足自由使用盥洗间设施的需要。卫生间的内墙, 由抛光不锈钢薄板制成, 地板是检修盖板的一部分, 而天花板为背部照明的轻型磨砂安全玻璃嵌板。两个感应控制自动喷淋口安装在洗手间通道上方。

洗手池的框架结构由电镀挤塑铝型材构成。卫生间最外层为两个广告灯箱, 不仅提供了利于广告和信息发布的展位, 同时在夜里也成为洗手间的外部照明装置。

功能型

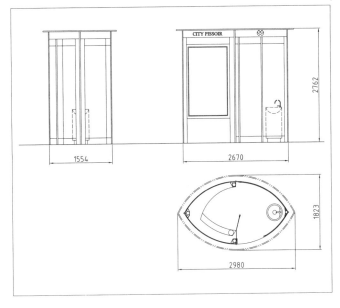

都市卫生间

莫斯可·林建筑师事务所：都市烟袋
MOSKOW LINN ARCHITECTS: URBAN HOOKAN

波士顿，美国马萨诸塞州
BOSTON, MASSACHUSETTS

背景

室内禁烟的规定的确解除了二手烟对环境的危害，但结果却导致吸烟者在狭小空间或入口等地方到处游荡。这些流窜的吸烟者给街道带来一种消极的心理暗示。

方案

城市吸烟亭，可以设置在餐厅、办公室，以及商业建筑的附近，或者其他禁烟区，通过过滤烟雾造福于普罗大众并且提供了一个"整体"的烟灰缸。它简直使人行道变成了"绿洲"，成为这些流离失所的吸烟者真正的领地。

都市烟袋由一个精致的亭子构成，造型上局部贴近使用者，并且还带有一个加热器以及空气过滤系统、灯光照明装置，和垃圾回收桶。它可以通过一个通用的夹圈安装在任何城市街灯柱上，并且当需求变化时也可以挪走。包在纤维玻璃罩内部的加热线圈可以利用既有的供电系统供电。这个笼罩在支柱周围的壳体仿佛一件能辐射热量的夹克外衣。而这件外衣里就隐藏着空气净化系统和排烟装置，后者通过放烟蒂的托盘将烟吸至顶部再排出。一个聚碳酸酯的盔甲固定在结构框架上成为一个防晒、防雨、防风的遮罩，整个空间可以供两到三个吸烟者共用。

功能型

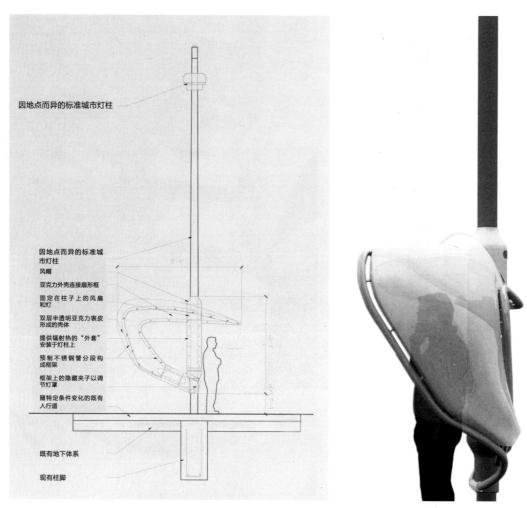

因地点而异的标准城市灯柱

因地点而异的标准城
市灯柱
风帽
亚克力外壳连接扇形框
固定在柱子上的风扇
和灯
双层半透明亚克力表皮
形成的壳体
提供辐射热的"外套"
安装于灯柱上
预制不锈钢管分段构
成框架
框架上的隐藏夹子以调
节灯罩
随特定条件变化的既有
人行道

既有地下体系

现有柱脚

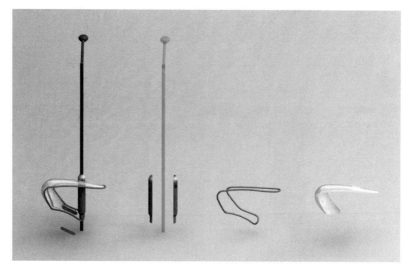

功能型

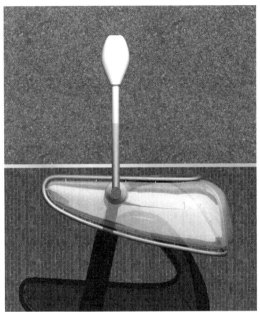

都市烟袋　　　　　　　　　　　　　　　77

墨菲西斯建筑事务所：
第七区总部公共广场
MORPHOSIS: CALTRAN
DISTRICT 7 HEADQUARTERS
PUBLIC PLAZA

洛杉矶，美国加利福尼亚州
LOS ANGELES, GALIFORNIA

背景

加利福尼亚交通局第七区的新总部大楼位于洛杉矶市区。这是一个公共广场，被设计成了一个户外大厅，同时也属于总部大楼整体构成要素的一部分。这个广场激活了所在的区域环境，有效地促进了包括交通局员工以及大众之间进行社会交流。

方案

广场的组织策略以及建筑内部的公共空间设计都是基于这样一个乐观的评估判断：即这一带的城市环境进一步提升后一定会充满活力。墨菲西斯建筑事务所将交通局主要大厅重新定位为外向型空间，将其作为一个给办公室职员、来访者以及普通大众使用的大广场。附属建筑，包括一个展廊和一个咖啡厅，与户外大厅在地面层相衔接，以吸引来自人行道的步行者和乘车抵达的来访者。

这个项目在公众艺术上的整个预算都投入在了与艺术家基思·桑尼耶（Keith Sonnier）合作的一个设施上，它与建

功能型

筑主体浑然天成。水平向的红色霓虹灯
光带和蓝色氩气灯管环绕形成特定的灯
光序列，模拟出了加利福尼亚高速公路
上汽车头灯形成的光带。巨大的悬臂长
排警示灯将主体结构与第一大街相连，
而一个40英尺高，向前倾斜的巨型图案
"100"标志着南侧主街的入口。这个摆
放的标识,很像是在向洛杉矶好莱坞的标
识致敬，意味着这个建筑作为地区标志的
存在。

功能型

第七区总部公共广场

中西部建筑事务所: MVG 零售亭
WIDWEST ARCHITECTURE STUDIO: MVG RETAIL PAVILIONS
概念设计
PROTOTYPE DESIGN

背景

MVG是一家房地产开发，设计和建造公司，它的目标旨在反思仅适于国家大品牌的那种大型、昂贵的独立店铺经营模式。在每一个城市和郊区，在那些交通密集（步行或车行）的地点可供开发利用的空间实在太小了，根本无法作传统店铺，只够作那种步行或开车通过的零售亭。这种不成规矩的琐碎空间，很容易被视为视觉景观中的污点。而那些受欢迎的场所往往是基于它们提供给消费者更大的便利，提升了闲置空间的美感，并且模糊了工业产品与建筑物的界限。

方案

MVG的计划就是寻求最小尺寸的地产开发场地，将集合巧妙的设计、大胆的定制化以及高效的制造与安装为一体的售货亭提供给零售品牌。售货亭的经济性启发源自美国西北岸的许多仅供车辆通行的咖啡店。售货亭的设计十分明智，在材料、资源、土地和时间各方面都实现了很环保的利用。它们可以在现场以外的地方，类似工业产品那样以零部件的方式实现高效的大批量生产，然后快捷的运输和安装在占地面积很小的地方。每一个单元的生产都利用了数字技术，并以基于"三元件体系"的传统模数制进行设计和加工，三元件即核心（对所有单元型号通用的部分），配件（专门生产的部件），以及外皮（带专门的品牌标识）三部分。

功能型

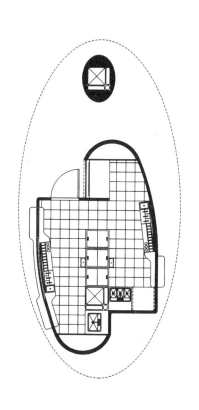

朱莉·斯诺和马修·克里里奇：城市步道设施
JULIE SNOW AND MATTHEW KREILICH: CITY STREET WALK

明尼苏达大学设计学院工作室以及杰西·鲍迪的学生作品
明尼阿波利斯市，美国明尼苏达州
MINNEAPOLIS, MINNESOTA

背景

明尼阿波利斯的城市街道苦于年久失修和匮乏使用。在城市核心区，城市的街道生活被限制在尼科莱大街（Nicollet Avenue）沿线很小的区域并且仅在夏季的几个月中。城市自身发展的内在需求集中在了清理交通基础设施以及提升步行环境。然而，明尼阿波利斯市有着昂贵的高架体系，通过不设置可见的进出口，将步行系统分离，高架系统对于那些熟悉使用它们的人来说提供了独一无二的舒适便捷。在他们的方案里，朱莉·斯诺和马修·克赖利奇将研究聚焦于人行便道以及城市核心区中两个城市街道之间的"中间地带"。诸如尼科莱购物中心（Nicollet Mall）和马奎特大道（Marquette Avenue），在这样的两条大街之间存在着改进的可能性。

方案

在三种不同的基地上，城市步行街基于既有模式提供了三种混合和变化的革新方式。食品铺、公交车亭，高架进出口

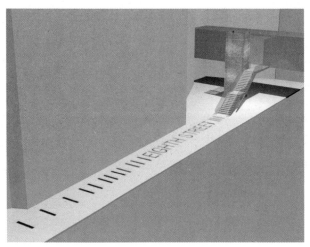

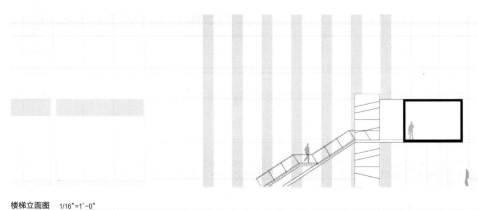

楼梯立面图　1/16"=1'-0"

点，以及一个带互动链接信息的新闻信息栏被安置在尼科莱购物中心和马奎特大道之间的十字路口。以上所有三种形式都适合全年运营，适于明尼苏达冬季的挑战。

可开启的表皮用于食品亭和新闻栏，互动性的开启用以保护业主，或者滑动闭合以保护站点自身。这个电动外壳提供了日常的、季节性的和可手动操作的选项。灯光和色彩使这三种方式都更加活泼。在高架的入口元素中，灯光藏在步行便道中

以活跃街道气氛，提示使用者高架的位置，并帮助其在城市中确定自己的位置。LED照明和热回收系统从比邻的建筑物收获热量、最大限度减少这些新增设施对环境的影响。

介于各种不同位置上的每个构件，插入既有城市架构的同时，始终保持建筑学上的协调性，而且在全城范围内都可重复使用。通过充实这些新的介入体，一个更广阔的、私人与公共并存的复杂空间形式将在主要大街沿线建立起来。

功能型

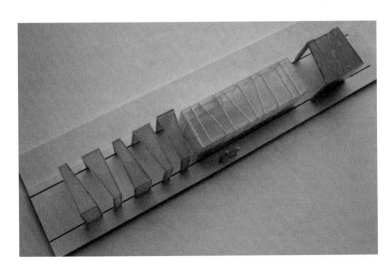

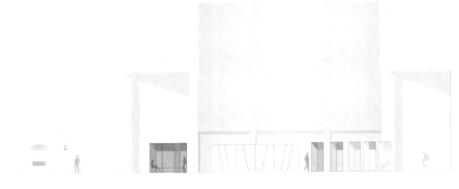

街道立面图 1/8"=1'-0"

城市步道设施

卢斯工作室: 联合广场表演区
STUDIO LUZ: UNION SQUARE PERFORMANCE AREA

萨默维尔市, 美国马萨诸塞州
SOMERVILLE, MASSACHUSETTES

背景

马萨诸塞州萨默维尔市举办了一个设计竞赛，旨在为联合广场创造一处新的演出空间，而这里原有的古老巨大的商业中心将作为衍生的艺术原创区的一个重要的元素而存在。"艺术联盟"是LUZ工作室关于演出空间的获胜方案，赋予联合广场一个截然不同的、充满创造力的空间供公众相聚与演出使用。

方案

联合广场演出区与街道的建筑元素相配合，事实上作为回收材料的传统花岗岩边石被重新布置从而形成演出区的边界。通过创造一系列相似的组合单元，形成一个不连续的界面，可以是座椅，可以是靠背，甚至只是一个背景。这种新的形式介乎地形、座椅和城市设施之间。方案同时提供了一个可以种植的大花园。演出区自身是通过由太阳能照明点亮的地砖限定出来的：白天吸收太阳能，夜晚形成脚光。

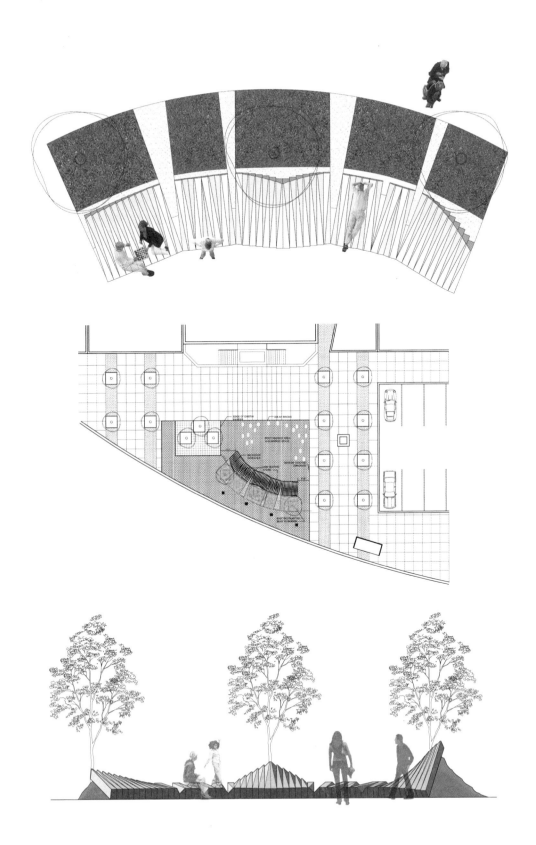

联合广场表演区

詹姆斯·科纳场域运作事务所及迪勒、斯科菲迪奥与伦弗罗设计工作室：高线公园

JAMES CORNER FIELD OPERATIONS AND DILLER SCOFIDIO + RENFRO: THE HIGH LINE

纽约，美国纽约州

NEW YORK, NEW YORK

背景

纽约高线公园全长1.5千米，它建造于延绵22个城市街区的废弃高架铁路上，始于曼哈顿肉类加工区，一直延伸到哈得逊河铁路公园。

方案

詹姆斯·科纳场域运作事务所和迪勒、斯科菲迪奥与伦弗罗设计工作室受抑郁症患者的启发，发现了铁路之美，在那里大自然收复了曾经繁荣一时的城市设施区，于是高线公园应运而生，工业运输工具被改造成后工业时代的娱乐设施。他们采取了一种"植—筑"（agri-tecture）[1]的策略，改变了步行者与植被之间常规的布局方式，将有机栽培与建筑材料按不断变化的比例整合起来，既展现了自然野趣又体现了人工的精巧，既提供了私密的个人空间，又满足社会大众交往需求。

虽然与附近被高效利用的哈德逊滨河公园风格截然不同，高线公园景观会被使用和受欢迎的程度并没有被低估，它单一轨迹的线性体验以低速的、消遣性的和超凡脱俗的气质为特征，保存了废弃高架的奇特与野性。这个理念支撑了通盘的设计

---

1 agri-tecture：有利于常规意义的arehitecture，agri-词头有"农业的"含义，结合上下文此处可以理解为一种调用自然物与人造物混合的设计手段。——译者注

功能型

策略——创造一个新的步道与绿植的空间体系，在软硬介质表面之间变奏，从一个高度应用区（100%硬质）到繁盛的植物群落（100%软质），其间通过一系列渐变的体验来过渡。

高线公园的设计尊重了铁道自身的性格特点：它的单一性和线性，它的笔直延展，以及它与周围野生植物的关系，包括野草、灌木、藤蔓、藓类，花卉，以及工业化的铺路石、钢铁和混凝土。建筑师的设计策略包含三个层次。第一，他们创造了一个步行道系统，由线性的混凝土铺路石构成，并带有一些开敞性的节点和特别的收边处理，而接缝处允许植物与更坚硬的材料混合存在。与其说是一个步行小径，更像一个景观的梳子与扒犁，它的浑然一体创造了一种沉浸感，令人散步于自然间而没有距离感。剖面和平面布置可以看出草木进一步定义了公园的野性与活力，区别于一般意义的人造景观，成为铁道极端环境条件下浅覆土设计的代表。第二个设计策略是使事物慢下来，激发一种永恒与身在别处的感觉，在那里时间仿佛放慢了脚步。漫长的台阶，曲折的步道，以及一些隐藏的小角落，吸引来访者逗留下来。第三个策略是对细腻尺度感的把握，不是依据流行的趋势创造伟大，而是微缩化，寻求更精巧的高线公园自己的语言方式。这样做的结果就是高线公园成为一段插曲，一处步移景异的公共空间和城市景观，沿着简单延绵的脉络，成为穿越曼哈顿和哈得逊河上空最引人瞩目的时空画卷。

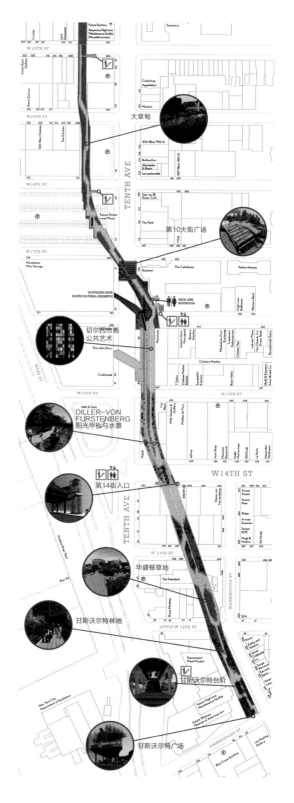

功能型

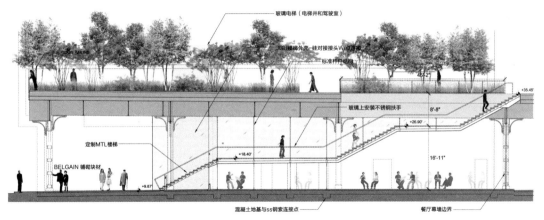

玻璃电梯（电梯井和驾驶室）

JGU楼梯外壳-硅对接接头W/闭锁

标准杆丹枪榫

玻璃上安装不锈钢扶手 8'-8"

45'-2"

+35.45'

+26.90'

16'-11"

定制MTL楼梯

+18.40'

BELGAIN 铺砌块材

+9.87'

混凝土地基与ss钢索连接点

餐厅幕墙边界

植一筑：一种灵活、因地制宜的材料组织体系，以实现生态多样性

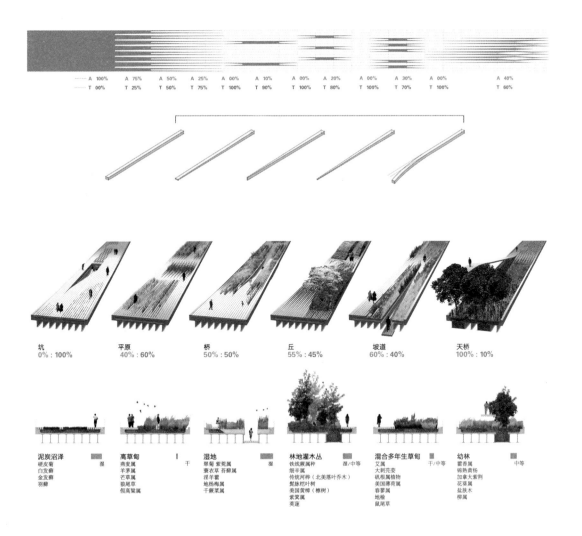

| A 100% | A 75% | A 50% | A 25% | A 00% | A 10% | A 00% | A 20% | A 00% | A 30% | A 00% | A 40% |
| T 00% | T 25% | T 50% | T 75% | T 100% | T 90% | T 100% | T 80% | T 100% | T 70% | T 100% | T 60% |

坑
0%：100%

平原
40%：60%

桥
50%：50%

丘
55%：45%

坡道
60%：40%

天桥
100%：10%

泥炭沼泽
硬皮菊
白发藓
金发藓
羽藓

高草甸
燕麦属
羊茅属
芒草属
狼尾草
假高梁属

湿地
翠菊 紫菀属
赛衣草 吾薹属
涅羊菌
地杨梅属
千屈菜属

林地灌木丛
铁线莲属种
细辛属
传统河桦（北美落叶乔木）
鬈脉栎叶枥
美国黄桦（榔树）
紫茎属
荚蓬

混合多年生草甸
艾属
大刺苞莠
矶根属植物
美国薄荷属
春蓼属
地榆
鼠尾草

幼林
霍香属
锦熟黄杨
加拿大紫荆
花楸属
盐肤木
柳属

功能型

高线公园 95

内涵型

束团设计：打招呼的墙
BUNCH DESIGN: GREETING WALL
洛杉矶，美国加利福尼亚州
LOS ANGELES, GALIFORNIA

背景

一座城市的构成，即包括那些庞大的、可识别的要素，也包含着那些还未被认知的部分，比如一些微小的现象、无法被归类的事物，被忽略的部分以及那些微弱的连接体。这些因素看上去往往不那么重要和宏大，却往往成为我们日常生活的线索、印记或证据，要为城市增添一些新意，通常意味着建造新的建筑或者添加去除一些庞大的既有事物。其实，如同为一个页面贴上即时贴，要创造和呈现一些新的事物，通过提亮、夸大、标记或将唾手可得的事物相连接，就可以轻松实现。通过一点小技巧就能制造出引发关注和重新审视的那个瞬间。

方案

束团设计（Bunch Design）通过随机的取样和分类的田野调查工作，提供了一系列战术上的革新，使洛杉矶各处场所中那些微小的、隐匿的、被熟视无睹的角色凸显出来。这个项目的意图正是指向那些被遗忘的较少获得关注的建筑，而它们却更有助于人们对事物保持觉知和好奇心，以及重新意识到我们原本就已拥有的一切。

"打招呼的墙"（Greeting Wall）是指一条瞬时的信息会在每个阳光明媚的下午都出现在这面空白的城市墙面上。"下午好"这个单词被树立在屋顶，而它们的影子就投射在了临近的建筑上。清晨或傍晚，阳光的角度使得这句问候语即使出现在街道上也不那么容易被看见和辨认。

内涵型

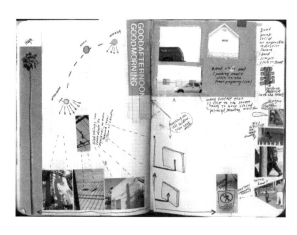

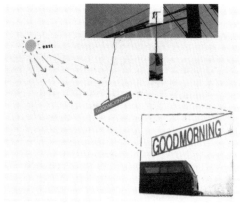

打招呼的墙

欧文·理查兹建筑师事务所:
马克迪奥生态园
OWEN RICHARDS ARCHITECTS:
MARK DION VIVARIUM

西雅图,美国华盛顿州
SEATTLE, WASHINGTON

背景

在太平洋西北岸的热带雨林中,大多数营养物质必须牢牢附着在植物体内,否则就会被连绵不断的雨水冲刷走。当一个倒塌的古老植物腐烂,它就成了一个"饲主木桩",哺育各种各样的植物和动物。这个倒塌的庞然大物成为下一代森林的温床。这一自然奇观能否被移植到城市中以满足人们近距离的观赏呢?需要怎样的干预设计才能使这个自然的生态系统在都市环境中存活下来?

几个世纪一来,博物馆从天然环境中采集制作标本,创造人工环境来保存它们,以教化人类。马克迪奥生态园在西雅图艺术博物馆的奥林匹克雕塑公园占有着醒目的一角,它正在探索挑战这一伟大的传统。

方案

由欧文·理查德建筑师事务所联合艺术家马克·迪奥设计的这座生态馆,为一个倒塌的树木创造了一种生态自循环体系,试图在新的都市背景下复制一个森林生态聚落。这棵在1991年的一场风暴中倒塌的"饲主原木",发现于距离西雅图50

马克迪奥生态园

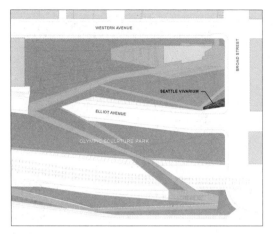

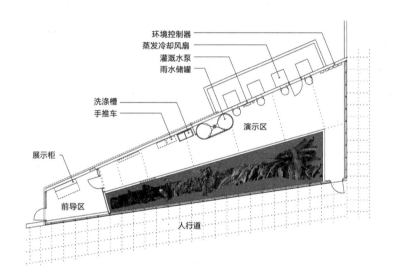

环境控制器
蒸发冷却风扇
灌溉水泵
雨水储罐

洗涤槽
手推车
演示区

展示柜

前导区

人行道

公里的古老森林中。重达55千英镑的大树于2006年被以对它周边环境伤害最小的方式运送到了它位于城市中的新家。

来自华盛顿大学(University of Washington)的园艺家就必要的保护体系为欧文·理查德建筑事务所的建筑师团队提供技术支持。植物园的加厚绿色玻璃屋顶通过模拟森林笼罩下的色彩光谱最大限度地保证光合作用。巨大的储水箱被用来收集屋顶上的雨水，供给灌溉和雾化系统所需的用水。气候控制系统调节温度和湿度，控制通风和蒸发冷却扇，后者将降温后、一定湿度的空气送达树木。

艺术家设计了一个内部装有显微镜和放大镜的柜子，参观者可以通过它们观察木头中的生命体。关于原木聚落的图画作为场地导览装饰在陶瓷砖墙上。这个生态园是一个跨学科的作品，涉及了雕塑、建筑、环境教育以及园艺学等诸多门类。

内涵型

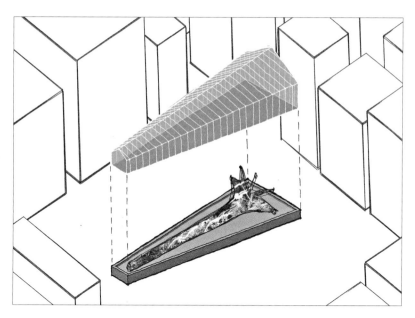

马克迪奥生态园

迪勒、斯科菲迪奥与伦弗罗
设计工作室: 传真机装置
DILLER SCOFIDIO+RENFRO: FACSIMILE

旧金山, 美国加利福尼亚州
SAN FRANCISCO, CALIFORNIA

背景

2004年, 迪勒、斯科菲迪奥与伦弗罗设计工作室联合耳朵工作室的本·鲁宾和马克·汉森在旧金山科莫斯科尼会议中心 (Moscone Convention Center West) 创造了一个名为传真机 (Facsimile) 的装置, 一个制造错觉的工具。

方案

传真机是一个16×20平方英尺的影像显示器, 它悬挂在沿玻璃会议中心外围滑行的移动电机上。这个100英尺高的电机底面和侧面固定在轨道上, 沿着建筑的外轮廓边界, 非常缓慢地移动。同时还有一个照相机置于高处俯瞰城市, 另一个实况录像机与显示器背靠背固定, 在二层楼, 面向人潮拥挤的前厅空间, 并且将实况传送到面向街道的显示器。整个装置缓慢地扫描立面并且面向大街播放大厅内部活动。虚构的、提前录制的影像程序被随机插入并以实况的方式呈现 (以真实的视角深入到一个虚构的办公建筑、旅馆和大厅空间记录其白天的日常状态以及夜晚的活动)。直播的影像自然随着扫描显示器的运行速度和角度作相应的变化, 而提前录制的程序也被制作成模仿同样的速度。这样, 建筑物真实的使用状况和内部空间被提前录制的冒充者所干扰混淆。从而, 这个装置成为了扫描仪, 放大镜, 带仰角照相机的潜望镜, 甚至一个制造错觉的装置, 这个装置绕行一周需要45分钟。

内涵型

传真机装置

内涵型

传真机装置

无线设计: 人行道系列
ANTENNA DESIGN:
SIDEWALK SERIES
纽约, 美国纽约州
NEW YORK, NEW YORK

背景

人行道系列——倾诉椅、拥抱树、健身站、回避阁楼、口香糖雕塑，以及街边兑换装置，被安插进纽约人行道，灵感都是源于无线设计事务所对这个城市的观察。这些新设施，以街道家具和装置的形式，或响应人们模糊的诉求，或为一些即时行为和陌生人之间的临时关系提供便利。它们的出现使它们所处的多种场合发生质变，带来不一样的体验。它们充满互动性和艺术品一般的造型，塑造了城市形象并且成为都市体验的一部分。

方案

倾诉椅（Shrink Bench）

纽约是精神分析学的重地，但是许多人仅是简单的需要与人聊聊。与此同时，另一些人热爱倾听他人的故事。倾诉椅邀请人们，也许是完全的陌生人，成为心理疗愈师或倾诉者。

拥抱树（Hugging Tree）

虽然这个城市有着几百万人口，人们仍然时常感到孤独，沮丧甚至希望能够偎依在父母的臂弯里。这个放大的拥抱树回应和传递了这一需要。

内涵型

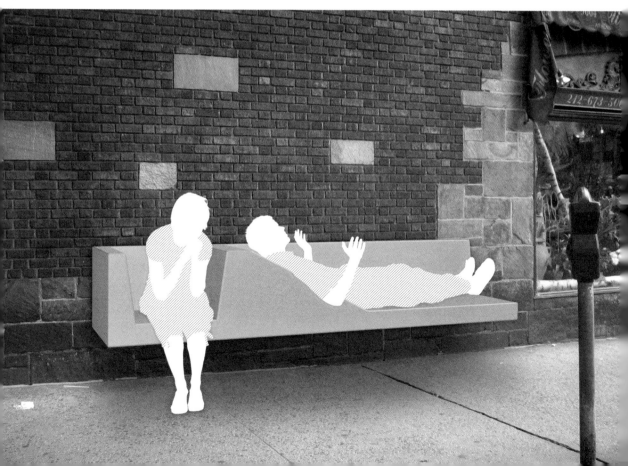

健身站（Exercise Stop）

纽约人一时一刻都停不下来。于是，交通信号灯变成一个健身教练，以充分利用等候时间。当参与到这个共享的活动中时，人们还拥有了互相攀谈的机会。

回避阁楼（Escape Loft）

有时候人们需要脱离日常事务，即使只是几分钟。吸烟在纽约大多数地方是被禁止的，但是在回避阁楼的平台上，吸烟者可以清净或社交一下，而无需被打扰和打扰到他人。

口香糖塑像（Gum Sculpture）

口香糖塑像给人们一个靶子来处理他们已经咀嚼过的口香糖并且避免地板被肮脏的胶体污染。它还透露着不同社区的流行趋势，人们会说"我们社区的雕塑有着有趣的身体部位"。

人行道交换点（Sidewalk Exchange）

人行道上有大量的人在买卖或者寻求帮助，人行道交换点以一种更文明的方式给这些人一个恰当的设施来从事这些行为，同时还保持了街道的整洁。

内涵型

雷姆·库哈斯、塞西尔·巴尔蒙德以及奥雅纳工程顾问公司：蛇形画廊2006展厅

REM KOOHAAS AND CECIL BALMOND, WITH ARUP: SERPENTINE GALLERY PAVILION 2006

伦敦，英国

LONDON, ENGLAND

背景

2000年以来，蛇形画廊在其用地范围内2100平方英尺的草坪上，每年都委托不同的建筑师设计一座临时展馆，作为日间的小餐厅和晚间学习讨论娱乐的会场。这个项目为建筑师在英国境内提供了少有的机会去创造一个相对更实验性的结构，之前还没有谁被邀请过在这里从事过这种类型的建造。画廊与这些建筑师的合作方式如同他们同画廊中那些办展览的艺术家一样，在这个项目中建筑师将他们头脑中构想的画面实际建造出来。

方案

蛇形画廊2006年的临时展馆由普利茨克奖获得者建筑师雷姆·库哈斯以及革新结构设计师塞西尔·巴尔蒙德（Cecil Balmond）联合设计。这个展馆包含三个结构单元：一个地板平面，一个圆形墙面围护结构和一个漂浮充气顶棚。

展馆的地板平台从蛇形画廊的东侧边界开始横跨草坪。围护墙体所包围的核心区配有许多活动桌椅组合，可以供来访者视餐饮或其他正式活动的需要而具体布置。

内涵型

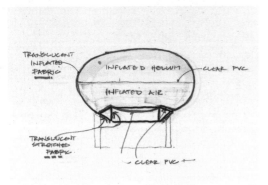

圆形围护结构是由一系列5米高的透明聚碳酸酯墙板围绕地板平台的圆周搭建的。内层圆形墙体由相同材料在外墙的内侧搭建，两层之间有5英尺的间隔。张拉钢索用来保持两道墙固定在相应的位置上。位于内环的展馆核心空间根据一天中的时间和公共活动计划，可以以多种方式来激活，并且可以容纳多达三百人。

展馆那充满氦气和空气的蛋形充气屋顶是设计的核心部件，它可以升降以适应结构内部不同活动的需要。它还在不同天气中起到不同的防护作用：夏天遮阳挡雨，秋天防风。这个充气屋顶闭合时有65英尺高，而开启时的最大高度可以达到78英尺。屋顶由带PVC镀膜的透明聚酯材料制成，夜晚内部灯火通明。

归根结底，2006蛇形展馆的设计是由它要举办的活动事件决定的。它是一个供人们交流对话和分享经历的空间。

内涵型

蛇形画廊 2006 展厅

崔·罗皮哈和珀金斯·伊斯曼：
折扣票亭
CHOI ROPIHA AND PERKINS EASTMAN: TKTS BOOTH

纽约，美国
NEW YORK, AMERICA

背景

这个项目的初衷是创造一个可以提供高效、有吸引力又友好的用户体验的折扣票亭，在这里售卖百老汇演出和全纽约其他节目的打折票，同时也是为百老汇、为戏剧区和整个城市的表演艺术界塑造一个新形象。由于百老汇和曼哈顿路网交汇于此，折扣票亭所在的杜菲神父广场（Father Duffy Square）以及位于这个"蝶形"区域北部的时代广场，一向是活力四射的空间所在。受娱乐、资讯通信商业的驱动，这里成为无可匹敌的城市高密度区。

项目的初衷很简明，就是聚焦于取代现有折扣票亭，但是在初始设计阶段项目再生的潜力就清晰起来，它扩展为有关折扣票亭与达菲神父广场之间关系的更广义的探索，甚至增加了时代广场乃至纽约的底蕴。

方案

折扣票亭的设计源自两个本能反应：一是抵制在广场上放置一个传统意义的建

内涵型

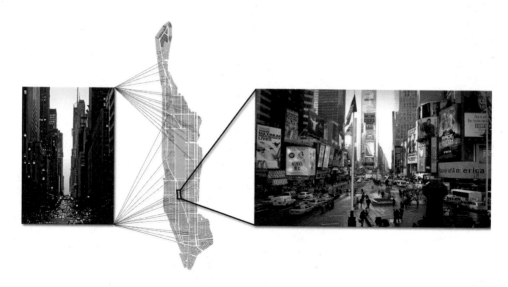

筑物，因为这样会破坏其空间品质；另一个研究观点是：作为这个城市举足轻重的一个节点，时代广场无处可坐，人们无法坐下欣赏路过的表演。

售票亭包含一系列从地面升起的红色冷光照明台阶，同时它也作为屋顶覆盖着拥有24个工作人员和12个票务柜台的售票亭，不仅如此，这个斜面形成的公共空间还可以供七百人就座，供参观来访者在进入时代广场这个"舞台"之前可以在这里短暂逗留。21世纪的技术应用赋予这个折扣售票亭更具魅力的内涵，玻璃是它的唯一结构材料，这使得整个建筑通体透明，藏在台阶下的LED灯组发出的强烈光线使得它成为时代广场科技秀场不可分割的一部分。在售票亭的外部，还设计了一个不易被察觉的简单广场来组织步行人流，以维护杜菲纪念碑的突出形象。

这个项目将多维度的设计整合起来，放大了折扣票亭建筑的存在感，彰显其作为纽约文化机构的重要地位，同时作为一个建筑与广场融合而产生的公共空间，成为时代广场的新中心。

内涵型

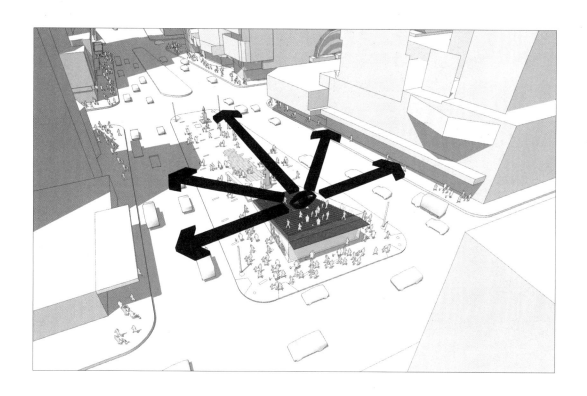

折扣票亭

内涵型

折扣票亭　　　　　　　　　　　　123

迪勒、斯科菲迪奥与伦弗罗设计工作室："你曾经被误认为是某个……?"
DILLER SCOFIDIO +RENFRO: HAVE YOU EVER BEEN MISTAKEN FOR A......?

里尔，法国
LILLE, FRANCE

背景

随着法国社会与那些未被同化的移民之间的分歧日益加深，终于爆发为2005年巴黎郊区的一场骚乱。面对法国国内和西欧普遍存在且日益发展的仇外现象，包括电影制作人米拉·奈尔（Mira Nair）在内联合发起了这样的发声活动："你也曾经被误认为是……?"

方案

沿着里尔主要人行大街均匀布置了十个背光显示屏，用以展示真人尺寸的本市居民人像。很显然，这些形象是在大街上随机挑选的。这些影像就于原地拍摄，并展示在透镜光栅显示屏（lenticular screen）上，仿佛透出周围环境的真实物理深度和动态，制造出不可思议的感觉。步行者的视线会连续接触到每一个人物形象。这些人物做出一些模棱两可的手势，但是在恐惧的气氛暗示下，很可能被解释为是形迹可疑。这一系列微电影制造出了一种解读，而事实上，这正是我们自身内心倾向的一种投射，倾向于将信息过滤从而产生误读。

内涵型

"你曾经被误认为是某个……?"

肯尼迪&维奥利奇建筑事务所:
临时桥梁原型设计
KENNEDY & VIOLICH
ARCHITECTURE: INTERIM
BRIDGES PROTOTYPE

波士顿,美国马萨诸塞州

BOSTON, MASSACHUSETTS

背景

在波士顿的自由之路（Freedom Trail）和93号洲际公路（Interstate 93）的停车场附近，建造了一座100英尺长的临时概念桥梁，为公众创造了可以观看考古挖掘的机会，并且成为波士顿公众学校的户外课堂。Kennedy & Violich设计了一个只开放一天24小时的展览，名曰临时城市（Temporary City）。

国家艺术捐赠机构（The National Endowment for Arts）和马萨诸塞文化委员会（Massachusetts Cultural Council）部分赞助了这个临时桥梁项目，在93号洲际公路拆迁期间，这个桥梁作为一个案例探讨了一种新的城市公共空间形式。又由于93号公路的重建是在地下，因而这里也被叫作"巨坑"项目。

方案

临时桥梁原型创造了一个新的公共空间类型，旅游与公众科普教育交汇于考古学、工程学和城市规划。这种原型设计将往来交通的日常活动、自由之路

126   内涵型

（Freedom Trail）上的游客体验与高速公路未来在地下的新场所，甚至城市过去的生活连接在一起。它使得考古发掘现场与洲际公路的重建注定成为一场当代城市事件，而这一事件形象地说明了正是经济、政治，以及关于财产分配、土地征用方面的法律制度、地区规章制度等，这一切构成了现实的美国城市。

标准的木结构建造体系形成一个圆筒形空间。这种结构形式扩大了结构与外表皮之间的空隙，提供了展览空间，也利于沿着公共通道建造一个体面的围墙。承

重材料和装配方式是概念方案必须要考虑的，这就要求对临时建筑中相关的一切细节呈现都要深思熟虑。细节也体现在对玻璃纤维外皮这一材料的选择上，一方面外层材料的内在性能得到了充分发挥，另一方面利用了它对光的反射和辐射能力。

伴随着挖掘现场每天被发现的出土文物的影像，"临时城市"的展览呈现了关于20世纪50年代洲际公路建造历史的纪录片。就这样，在高速路打断建筑外皮的地方，裸露的结构形式本身被赋予了新意义，也成为展品的一部分。

内涵型

临时桥梁原型设计

工坊工作室／B.A.S.E.设计工作室：绿外套装置
STUDIO WORKS/B.A.S.E.: GREEN COAT SURFACE

深圳, 中国

SENZHN, CHINA

背景

深圳、香港两地有一个双年展活动叫"城市总动员"，2009年建筑师工作室 B.A.S.E. 为这个活动而发起了名为"城市干预"的系列项目，"绿外套计划"是其中的一部分。"绿外套"在计划中作为一个漂泊的符号，将走遍世界各个角落，穿越城市与自然风光。每到达一处，它的形象就会借用当地环境特点做相应的调整。对于这件外套有两个备选的地点，都是在中国深圳，一个是水晶岛屿，另一个是南广场。水晶岛是一个交通要道，而南广场作为一个正规的公园位于深圳的中心区，而深圳又与香港交界。

方案

当代城市可以被简化为一个水平向的表面（时常是被想当然地以为而不是有意为之），而一些物体（比如建筑）位于其上。"绿外套计划"模拟了这种被简单化的城市形象，却是在以一种积极的方式发问，引发关于城市品质的反思。绿外套是"绿色中山装"的延展，后者是

内涵型

绿外套装置

由隶属于B.A.S.E.的子团队BASE line发起的一个项目，基于那件著名的军绿外衣以及它给中国带来的影响。"绿色中山装"是一个真实可穿的外套，由百分百的防火材料聚丙烯网制成，这种材料在中国的城市是用来包裹正在建设中的建筑物的。绿外套项目将这一概念进一步发展成三种形式：身体上的，垂直面上的和水平面上的。

对"可穿在身上"的这种绿外套形式，军绿中山装被稍微放大成了军用防水短上衣。多达一万件外衣将发放给"城市总动员"活动的参观者。这些人将以市场营销员的姿态召唤不计其数的人购买他们的绿外衣，使这件外衣成为市民的统一制服。

悬挂在深圳市民中心建筑外面的"垂直"版的"绿外套"，长到足以触地并在地上铺开。城市参与者可以进进出出这件外套。当进入其中时，参与者仿佛身处一个市民空间，尽管这空间非常软，却是这个城市自身的写照。

水平版外衣被摊开横跨水晶岛，连接市民广场和南广场，虽然不是笔直的，也不是在轴线上。这个外衣用竹子结构支起来，形成起伏的屋顶，在城市不时的微风中飘动着。希望这件作为煽动者的衣服，能够激发这座城市的居民活跃起来，无论是以音乐的、艺术的、商业的，或者也许是政治的方式。当然也希望人们被鼓动来真正"拥有"这件衣服（超大码的城市游

PLAN VIEW @ 5.2
CRYSTAL ISLAND / SOUTH SQUARE

BIG GREEN COAT SURFACE ARRIVES FOLDED ON SITE

PEOPLE PULL ON COAT SURFACE TO MAKE IT LIE NICELY ON THE LANDSCAPE

MANY TIMES LARGER GREEN COAT SURFACE = GIANT OCCUPIABLE PLAY GROUND

SIT ON A BUTTON MOUNTAIN

GOING INTO THE NECK

Lean against the Collar

GO UNDER THE SLEEVE

OPEN POCKET, PEOPLE CAN GO IN SLEEPING IN THE POCKET

WALK YOUR DOG ACROSS THE SURFACE

Go UP THE ARM

GO INTO THE COAT FLAP

乐场）通过倚靠在领子上，漫步在袖子上，睡在口袋里，坐在纽扣山上，等等。夜晚，这件外套会被点亮并且有光从里面透出，所以它二十四小时都可以供游憩。

内涵型

绿外套装置   133

本地项目设计工作室[1]：
追逐自由影像装置
LOCAL PROJECTS: IN PURSUIT
OF FREEDOM

布鲁克林，美国纽约
BROOKLYN, NEW YORK

背景

布鲁克林总是轻易地令人联想到那些过去的事件和人物，仿佛他们的影子还正在这个地区的街道上。当然，对于有些左邻右舍，多年的视而不见早就消磨了一切关于历史与场所的记忆。"追逐自由"这个项目试图通过社区里特定的场所装置创造一种公众与布鲁克林悠久历史的连接，代替历史虚无主义。

方案

历史上真实存在过的布鲁克林人被以原尺寸制成个人肖像，置放于相关历史发生地。取材源自城市遗产中心以及以历史旧址为原型的布鲁克林历史社会成就展。这些创造历史的人物，激活了空间，令人一瞥这个节点上那段过去的时光。

不同于以往传统的简单竖牌立传的场景打造，光影勾勒出的文字与图象投射在不锈钢材料上，这一切与城市景观高度融合，在不动声色中充实了白天的参观者们关于当地的历史体验感。为增强体验感，参观者们可以通过暗藏的耳机插座收听具有时代特色的录音音频，或者可以通过拨打或敲击每一个历史人物身边的一串数字

---

1 互动媒体设计事务所。——译者注

内涵型

来收听。

　　夜晚，这些历史建筑被巧妙地照亮，保持自身存在感的同时，也作为巨大的动态投影的载体。这种超过真人尺度的，沉浸感画面令观者可以联想起那些曾在此地真实存在过的人与事。投影使得这些历史场所的建筑显得愈加伟岸，正如它们所代表的那个时代。精心编排的历史档案故事形象是由街灯通过一系列高高低低固定安装的投影系统投影到邻近的街道、建筑和墙面上的。这些影像如策划中的那样以一种病毒式的内在传播方式，在不断上演：受到震撼的观众们为这些街面上的艺术装置拍照，分享给自己的朋友们，或是发布到网络上。于是，投影仪、当地的标志性建筑以及视频录像，这一切渲染了故事的发生地，它的内涵通过可视化技术被强化出来，令逝去的历史在21世纪的今天触手可及。

内涵型

追逐自由影像装置

内涵型

追逐自由影像装置

阿贾耶合伙人事务所: 圆形木亭
ADJAYE ASSOCIATE: SCLERA

伦敦，英国
LONDON, UNITED KINGDOM

背景

Sclera圆形木亭是一个为伦敦设计节"尺度+物质"项目而创造的临时亭子建筑。它设置在南岸中心的节日广场，为期一个月。节日广场作为一处禁止车辆的纯步行空间，本身就足够繁华，成为旅游休闲的目的地，而同时，它也是去往南岸中心另一个人潮聚集场所的必经之地。"尺度+物质"这个活动被要求进行材料的探索。Sclera这个项目通过变换材料呈现的质感来探索材料（在此案例中是木头）的可能性，以及表现方式。

方案

当建筑师大卫·阿贾耶（David Adjaye）遇到美国硬木出口委员会和英国设计节指导本·埃文斯（Ben Evans）将Sclera圆形木亭这个项目可备选的木料讨论了一个遍，最终他选择了郁金香木，广为人知的名字也叫北美鹅掌楸，因其有着无与伦比的色彩和广泛的适用性。

通常由于价格的低廉和实用性，郁金香木并不是那么受重视。它来自北美最高大的硬质树木，资源丰富，遍布美国东部。可持续的森林管理，使其生长不断超

内涵型

过了砍伐。今天它被广泛应用于家具行业室内装修的细木工，厨房整体橱柜、门以及各种轴。Sclera圆形木亭致力于探索郁金香木的更多可能性，并且希望提升它在未来的应用潜力。

虽然第一眼看上去设计非常简单，其实无论从精确加工的单元还是专业的组装，这个亭子都需要高超的制造工艺水平。并且，制作者必须在三个月以内完成这个项目：从原始的蓝图到加工制造再到安装。Sclera圆形木亭是一个大约26×16平方英尺（约8×5平方米）的椭圆形结构，内部带有两个房间，通体由郁金香木制成。参观者首先进入的是较小的，环形的房间，并且能够感受到整个亭子内部的环境气氛和它的材料调性。随后，穿行到较宽敞的另一间，体验的重点逐渐变成了景观视野。它以聚焦伦敦眼的一个取景框，回应伦敦眼的圆形轮廓以及周围城市环境。这个亭子室内的特点在于看似随意的起伏效果，其实是基于木料长度的变化而形成的一整套变化多段的系统。屋顶和侧边的板条上有缝隙，使得光线和风可以进入亭子。夜晚，"巩膜"被精心照亮，向广场放射出柔和的光线。

内涵型

圆形木亭   143

内涵型

圆形木亭

施耐德工作室: 使时间可见
SCHNEIDER STUDIO: MAKING TIME VISIBLE

波士顿, 美国马萨诸塞州
BOSTON, MASSACHUSETTS

背景

正如历史学家刘易斯·芒福德所言，"在一座城市里，时间是可见的。"然而在很多地方，我们忽视了它。波士顿城区就已经经历了并将继续经历着剧烈的物质环境的变化。思科雷广场（Scollay Square）原本位于这个城市17世纪的十字路口之一，到20世纪早期，这里变得拥挤不堪，遍布破败的低矮建筑和狭窄街道。而这个广场在当年却曾经是一个非常著名的娱乐街区，包括旅馆、热狗小摊、卖酒的小店，以及滑稽戏剧院。城市的革新运动发生在20世纪60年代，思科雷广场被推土机清理并且变成了一个纪念碑，直到今天宏伟的政府中心依然矗立在这里。22

个街区被整合成了6个，这正是这座经济正在腾飞的城市所需要的新形象以及国际认可性。而坐落于政府中心心脏位置的城市大厅广场那时刻则被城市的设计者们、记者和普通大众嘲讽为"被风暴席卷过的砖的海洋"。1995年城市大厅广场重拾自信，以面向未来的崭新形象又矗立于世。

方案

波士顿的市民们在抽象地谈论，相对于这个巨大的市民广场所具有重要价值，这些建筑群太过渺小。"使时间可见"将波士顿当前的城市大厅广场，即在一个世纪以前，地图上真实尺寸为9公顷

内涵型

的地方作为画布。依照1895年的桑伯恩（Sanborn）地图，2002年8月27日，24个志愿者在城市大厅地砖的表面画了14806英尺长的粉笔线。这个临时装置凭借独一无二的方式展示出在这里什么曾经被抹去而又是什么取代了它们，并且为这场热烈而又充满误解的关于"行人尺度"、"开放空间"的讨论添加了最好的注解，并且不带任何先入为主的偏见暗示出了未来波士顿城市公共空间应有的样子。思科雷广场的历史研究者大卫·克鲁（David Kruh）鉴定出五个具有特别重要历史价值的地点，正是在这里亚历山大格雷汉姆钟（Alexander Graham Bell）第一次通过电话传出了人类的声音，也正是在这里威廉·劳埃德·加里森（William Lloyd Garrison）[1]发行了《解放者》报（The Liberator），也就是今天大众被邀请在粉笔线轮廓里涂上颜色的位置之一。

1　作为废奴运动代言人的威廉·加里森，是美国历史上最重要的人物之一，1831年，加里森在波士顿创办了《解放者》报，并提出了"立即废奴"理念，也是美国激进废奴运动开始的标志。——译者注

内涵型

伯纳德·屈米建筑师事务所：
玻璃影像展廊
BERNARD TSCHUMI ARCHITECTS:
GLASS VIDEO GALLERY

格罗宁根，荷兰
GRONINGEN, THE NETHERLANDS

背景

受格罗宁根市委托作为用于音乐与影像节的临时结构，一个玻璃影像展廊舒展在一片交通环绕的树林中，靠近格罗宁根博物馆。展廊由一系列透明的连锁空间组成，这个倾斜的玻璃结构是用来观赏音乐录影和影像装置艺术的。展廊中的观看者又成为别人眼中的风景，进而延伸了林荫路景观。

方案

玻璃影像展廊也是纯粹由玻璃材料制造而成的简单立方体建筑。它反映了当代建筑的处境：永久性的建筑外观正面临虚拟表达的挑战，即以电视和电子视觉形象对抽象的物体作非物质的表达。这个城市邀请设计人员设计一个特别的环境来观赏音乐影像，同时制造了一次机会挑战先入为主的一些关于"观看与私密性"的既有观念。影像展廊必须是静态而封闭的黑盒子，如同专门为电影而创造的那种建筑吗？它有没有可能是一个带着户外广告牌和霓虹灯的扩大的起居室？又或者是一种崭新的类型，将从前在起居室，酒吧或休息厅发生的行为带到大街上？

内涵型

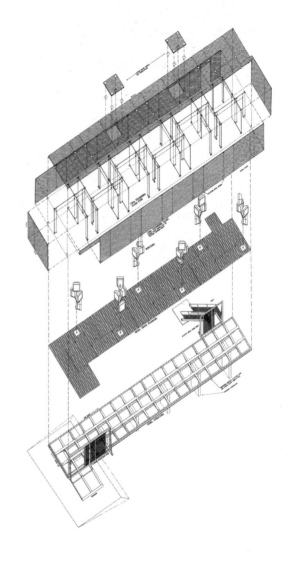

　　影像展廊建筑物件完全是玻璃构成，仅靠金属夹子固定，包括竖向支撑和水平的梁也全部是玻璃。它试图探索一种穿越展览空间和建筑外壳的动态可能性。于是，建筑结构让位于影像。室内的显示器提供了一种不稳定的立面效果，同时玻璃反射出海市蜃楼，创造出一种无边无际的空间感。在夜晚，这里变成了镜子与镜中发射影像交织的空间，使人恍惚什么是现实什么是真实，并且怀疑这整个建筑外皮是真实的结构还是幻象。这个玻璃影像展廊与城市空间平行存在，既容纳了影像客体、也是正在放映的录影带，又或者只是影像的播放的一种手段。其实这种平行空间到处蔓延：无论是透过店面看到的电视经销商那整面显示屏墙，还是城市红灯区播放性感视频的展廊。

　　　　　　　　　　　　内涵型

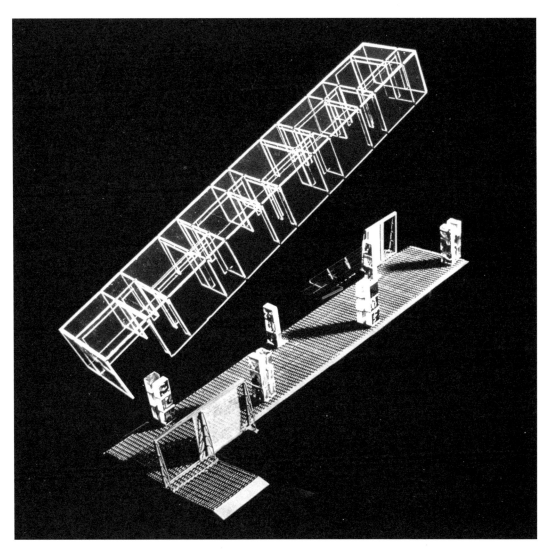

玻璃影像展廊

埃里克·欧文·莫斯建筑师事务所：艺术塔
ERIC OWEN MOSS ARCHITECTS: THE ART TOWER

洛杉矶，美国加利福尼亚州
LOS ANGELES, CALIFORNIA

背景

艺术塔（Art Tower）是一个位于洛杉矶的信息塔建筑，处于海登大道（Hayden Avenue）和国家大道（National Boulevard）的交叉口，是通往科佛市（Culver City）的主要入口所在。就概念而言艺术塔是具有开拓性的新事物。伴随着新媒体公司、图形设计师、建筑师以及画廊这些快速成长中的群体，这个艺术塔为当地景观提供了一种动态的艺术展示方式。五个屏幕播放着一系列图像内容和数据，有关即将发生的事件以及构成这个城市一部分的那些居民当前取得的成就。艺术塔位于繁忙的交通要道，为往来车辆提供一些信息，以及预报包括铁路乘客系统等信息，这条新的展会专线轻轨正在建设中。

方案

在这个快速通行区，所有的建筑都控制在56英尺的限高内。艺术塔对于当地的高度控制规范是一个重要的例外，它从地平面起高达72英尺，并且未来地下基础部分还会开掘出一个露天带座椅和舞台的空间，从地平面以下深达12英尺。

整个塔包括五个圆形的钢环，每一个

内涵型

内涵型

直径大约都是30英尺。这些环形以地板到地板的12英尺间距堆叠起来，并且平面位置随着高度的增加而错开，试图营造出错落的、高低不同的景观视角。螺旋的圆锥形投影屏幕安装在每一对错开的水平金属圆台之间。总共12个数字投影仪，从这些屏幕背后的楼板悬挂下来，径直投影在透明的亚克力屏幕上。在屏幕内侧，钢甲板可供观者凭栏远眺，也可以供维修人员检修投影仪和屏幕时使用。

艺术塔还设有一个透明的升降梯包裹在玻璃筒中，另有一部开敞式楼梯通往顶部，当然，作为观景平台俯瞰城市的同时，艺术塔的主要目的是传播艺术以及向当地和往来车辆中的观者提供其他相关资讯。

塔身由标准的钢结构部件组成，包括宽边梁、柱、管道井，后者由半英寸厚的钢板压制的平整墙面包裹。所有这些形体和构件都是在车间预制，再运送到现场搭建。出于抗震设计的要求，这个塔由深埋的混凝土桩基础以及与之相连的连续地基梁共同承托。

取悦型

鲍尔·诺格斯工作室: 户外交互装置
BALL-NOGUES STUDIO:
MAXIMILIAN'S SCHELL

洛杉矶，美国加利福尼亚州
LOS ANGELES, GALIFORNIA

背景

　　Maximilian's Schell户外交互装置是为了"材料及应用"活动而创造，这是一个专门为实验性建筑和景观而开展的庭院展会，每天开放14个小时并且紧邻行人和车辆都很拥挤的街道。作为以遮阳为功能的项目，这个头顶的漩涡席卷了整个2005年的夏天。

方案

　　这个沉浸感的实验性装置的通过内部变换的空间、色彩、材料以及应用庭院画廊的声音，为人们的互动交流和冥思创造出一份诱人的户外空间。白天，烈日当空，这个华盖将彩色的、分散的光斑投射在地面。当站立在正中央，或者说这件漩涡作品唯一的中心点上，凝神仰望，参观者能看到的只有无垠的天空。夜晚，这个漩涡从外部看起来，散发出温暖的光。

　　Ball-Nogues Studio工作室为深化Maximilian's Schell户外交互装置研究了一年多，历经多方案试验，但是最后实际建造仅用了两周。这个项目的成果不仅是一

取悦型

个建筑或雕塑，同时基于标准化的加工制造策略，它也是一个可以根据订单生产的产品。由数控切割机（CNC）加工成捆的尼龙与聚酰胺（Kevlar）纤维束，再由它们来控制和加固聚酯薄膜（Mylar），从而设计师实现了这件作品的艺术效果。而且，这些带反光的、透明的琥珀色胶片还具备防UV辐射的能力，以及分层压制、金光灿灿的金属化表面处理等特点。

这个项目的完成效果既不是帐篷那种张拉膜结构类型，也不是弗雷·奥托（Frei Otto）的那种网架结构的方式，它独一无二，由504个各不相同的参数化构件组成，也可以说是由"花瓣"组成的张拉结构矩阵。而每一个花瓣与它的相邻构件以三个接触点连接，通过可见的聚碳酸酯铆钉来固定整个漩涡造型的形状。虽然这些花瓣受神秘的万有引力作用而倾斜，但他们在尺寸和位置上的变化是连续的，整体趋势都朝向这件漩涡作品唯一的中心。

　　　　　　取悦型

户外交互装置

取悦型

灰色世界工作室: 垃圾桶和休息椅
GREYWORLD: BINS AND BENCHES

剑桥, 英国
GAMBRIDGE, UNITED KINGDOM

背景

"垃圾桶和休闲椅"是为哥伦比亚的一个名为"交叉点"（The Junction）的艺术中心而设计的。当艺术中心进行重建时，他们委托设计公司为主体建筑前的公共广场设计一件艺术品。谈到关于这个项目的灵感，灰色世界工作室（Greyworld）说，往往在我们看来，设立在公共空间中的这些物体全都有着枯燥无味的功能定位。怎样扭转这样的局面？怎样才能在某人某物空间里寻找到我们自己？被我们布置在这里的事物是否真的宜居、宜人、宜游？何况真家的情况是，难道不是我们自身才是这个空间真正的主人吗？

方案

五个垃圾桶和四个休息椅被注入了有魔力的富于生命力的血液，使他们从一成不变中挣脱出来，"漫步"在哥伦比亚的这个公共广场的各处。他们可移动可聚集，在空间中漂移、穿越，在自然状态下享受着自由幸福的"旅行"。他们与栖居于他们所属空间中的其他物品相嬉戏，随心所欲"徜徉"在这个广场上。

每个垃圾桶和休息椅拥有自己独立的人格和内在，下雨的时候，一个椅子可以决定待在树下等待某人来就座，而周三的时候这些垃圾桶排成了行，等待着被清空。不时地，他们一起放声歌唱，垃圾桶组成男中音五重奏和声，而椅子们则是女高音部合唱。

取悦型

垃圾桶和休息椅

HÖWELER+YOON建筑事务所: 白噪声白灯光
HÖWELER+YOON ARCHITURE: WHITE NOISE WHITE LIGHT

雅典, 希腊

ATHENS, GREECE

背景

"白噪声白灯光"是受2004年奥林匹克运动会委托设计和安装的九个临时互动城市装置之一。作为"倾听雅典"（Listen to Athens）这个活动线路预先计划的一部分，该项目为雅典卫城下面的迪奥尼索斯剧场（Theater of Dionysus）的入口广场添加了一个集照明、声音互动和景观为一体的装置。

方案

HÖWELER+YOON建筑师事务所将电子元件藏在白噪声白灯光装置中来回应在团体聚集环境中的单独个体。城市广场的参观者会遇到一个由一系列灵活发光的光柱组成的网格方阵，一旦进入这个开敞的区域，参观者就会经历一场由自身运动所触发的白噪声与白灯光的洗礼。

白噪声和白灯光项目由一组光学纤维光柱，一块升降地板，以及400个定制的光学模块组成。每个模块包含一个被动式红外线传感器和微处理器，它们协调着这些光学纤维灯柱顶部LED灯的亮度，同时也调整着扬声器里传出的音频文件的音量大小。这片区域分散布置的响应能力允许

每个灯柱独立评估个体行为发生的强烈程度，因此当人们的动作停止时，每一个微处理器缓缓降低各自控制的灯柱亮度，同时白噪声也是逐渐减弱直至完全沉寂下来。总的来说，这片装置以宛若夕阳余晖的光效回应行人的运动。闪闪烁烁的白光与白噪音被唤醒，追寻和点缀每一个来访者的足迹。

根据一天中的时间和人数，以及人们运动的轨迹，白噪声和白照明不断记录着公众累积的互动。参观者试图揭秘这个装置的反应机制，通过在空间中做出各种动作来测试：奔跑、躲闪、跺地板或者踮起

脚尖。这个区域意外地成为运动灯光与声响的聚合之地，城市中一个可以游戏的所在。这个项目的精髓是基于每个个体都可以对环境产生影响的理念。他们的行动会激发新的行为，在环境与他们周围的人群中，引起连锁的行为反应。

取悦型

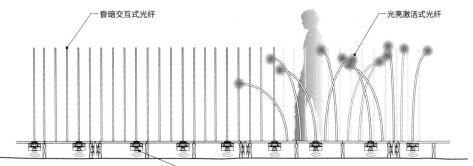

昏暗交互式光纤

光亮激活式光纤

扬声器发出白噪声

白噪声白灯光

森特布鲁克建筑规划事务所：
纺线城交叉口
CENTERBROOK ARCHITECTS AND PLANNERS: THREAD CITY CROSSING

温德姆，美国康涅狄格州
WINDHAM, CONNECTCUT

背景

在19世纪，康涅狄格州的温德姆（Windham），曾经被称作纺线城，因为它有着大约一百万平方英尺的纺线工厂，其中许多依靠威廉河（Willimantic River）水利供电。这个横跨河两岸的城镇，需要修一座新的大桥把自治的郊区与历史商贸中心联系起来。康涅狄格州交通局（The Connecticut Department of Transportation，DOT）雇佣的工程师原本为这里设计了一个标准的国际式桥梁。这个设计令当地人十分不快，市民要求这个

大桥要与它的历史环境相协调，于是森特布鲁克建筑和规划事务所才被找来，希望他们就如何给这个纯功能性的大桥增加个性给出建议。

方案

事务所一着手开展工作，就首先与当地桥梁设计委员会召开了会议。这个委员会包括市长、当地规划部门的代表、该市历史学者，以及热心市民。项目推进时，事务所也让委员会参与到设计过程中。与

纺线城交叉口

会市民的参与充实了这个最终的设计成果并且成为支持这个新方案的核心公众力量。

纺线城十字路口（Thread City Crossing）如今作为这个城镇与历史区域的一个门户，同时代表着温德姆城市历史与产业的象征。巨大的混凝土纺线轴坐落在桥两头的桥墩上，而12英尺高的铜制青蛙使每一个桥头的纺线轴生动起来。这个线轴讲述着温德姆作为一个主要的纺线生产中心的历史。而青蛙的形象是由大卫·飞利浦（David Phillips）基于温德姆的青蛙传说提议的，他是桥梁设计委员会的成员同时也是康涅狄格州东部国立大学的教授。故事发生在法国与印度战争期间，温德姆市正是由于1754年7月这一天而声名大噪。

这天夜里市民们被巨大的声响惊醒，他们以为这是一场即将到来的突然袭击，考虑到人身安危，人们逃出家门躲进了树林里。后来真相大白，这声响原来是牛蛙们为了争夺一个干涸的池塘中最后几滴水而发出的。

事务所联系了雕塑家利奥·延森（Leo Jensen）为大桥创作了这个美丽的甚至有点豪放不羁的青蛙雕像。随后当地市民筹集资金让延森为纺线轴上的青蛙制作了四分之一比例尺寸的木头模型，来展示这个设计方案，并且帮助为全尺寸的青蛙雕像筹款。经过社工组织者密集的游说，交通部从建设预算中拨款修建了这个青蛙雕像。

　　　　　　　取悦型

纺线城交叉口

施托斯景观都市工作室：
"安全地带"游乐园
STOSS LANDSCAPE URBANISM:
SAFE ZONE

魁北克，加拿大
GAND METIS, QUEBEC, CANADA

背景

安全地带（Safe zone）为一个3400平方英尺的临时公园设施，它是受委托为2006年在魁北克东北部的Jardin de Métis / Reford Garden举办的国际花园节而设计的。被选为这个项目用地的是一个长方形的区域，它以较短的边界临近花园节较重要的一条小路。基地现状大约一半是繁茂的树林覆盖，一半是空地。

方案

花园运用现成的安全产品（现场浇筑满铺橡胶、安全瓷砖、球门柱缓冲物）转换或铺展开以适应新的需求。"安全地带"创造了一种充满安全法令和规则的地形，一座人造的三维花园的环境（小丘与山谷）。这个花园是一个重新阐释传统乐园的当代作品：好玩、可触摸、有声有色、迷人、充满不确定性，甚至也许还有些危机四伏的、冒险味道。

这个设计偏偏将那些为日常景观中危险场所（诸如地铁站台、人行道、游乐场、运动场地）而设计的商业产品，创造性地应用于营造一个有刺激感的公共空间。公园以这样的方式暗示着那些政府的

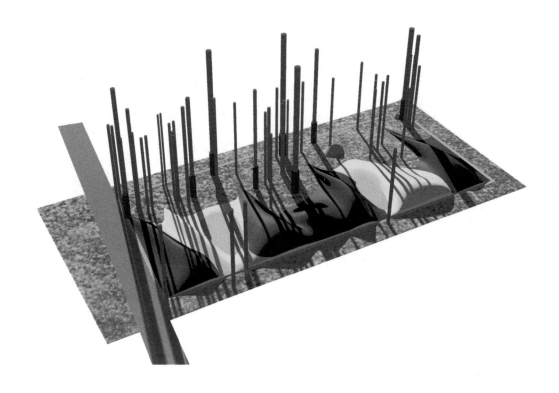

安全标识和规则，它们原本在公共领域是用来警示人们远离的。在这里，这些同样的符号，以及满足这一需求的材料充满了整个场所，为自由的、无拘无束的运动和探险敞开大门。"安全地带"意味着鼓励人们的好奇心和勇于探索的精神，引导他们面对未知事物时放下先入为主的偏见和自以为是。

这个公园的主要材料，现场浇筑的橡胶，格外独特。橡胶因有着绝妙的绵软弹性，作为摔倒时的缓冲垫，通常用于游乐场地面结构之上形成平整的表面。对于"安全地带"，史托斯景观规划事务所强化了这种材料的特点，把它薄铺在山丘的峰顶，厚铺在山脚，变换材料的厚度以放大它们缓冲的能力。增加厚度以承载人的身体重量，切实有效地减少了游客摔伤或者是碰撞到其他来访者的可能，甚至它还鼓励人们挖掘和弹跳。

这个公园创造了一种崭新的美学，它可持续发展，同时又是清洁的人工材料制造。这里所应用的材料，百分之八十不是回收来的就是从运动胶鞋鞋底、旧轮胎、和废弃的瓷砖中进行"废物再利用"得来的。而且，公园地面具渗透性，允许水分渗透灌溉树木的根系，保证地下水资源的循环。

巴纳比·埃文斯: 水上火焰
BARNABY EVANS: WATERFIRE

普罗维登斯，美国罗得岛州
PROVIDENCE, RHODE ISLAND

背景

位于罗德岛的普罗维登斯城（Providence），曾经是一片繁荣的区域，在过去一百年间它见证了当地许多产业的消失，在夜晚和周末这里成了空旷和危险之地。20世纪90年代早期，城市开辟了一处跨度较长的河流，形成了一座约一英里的穿越城市的滨河公园，虽然设计精良，步行街设施昂贵，并且充满引人入胜的历史内涵，但这里却人迹罕至、未被充分利用，也并没有达到刺激地区建设复兴的目的。"水上焰火"（WaterFire）创立于1994年用以强化这里的原动力，为普罗维登斯城带来有经济效益的活动，而更深层的使命是启发城市居民意识到这里的潜力，为城市未来的繁荣与再生创造一个标志典范。

方案

艺术家巴纳比·埃文斯（Barnaby Evans）策划了名为"水上焰火"的公共艺术活动，改善这里公共空间的体验，令整个城市成为一块用来艺术创作的画布。"水上焰火"包含一系列将近100个篝火，它们成列点燃在普罗维登斯城三条河道的河面上。它是光与火的交织，充满公共仪式感，设计精心，符合大众心理，又具社区参与感，结合不同寻常的音乐录音和现场表演，所有这一切为城市塑造了一幅崭新图画。"水上焰火"正是依托奇观和惊喜的营造，超越了参观者们对于城市体验的原本期待。水上火焰是一场自由的，以步行为基础的城市旅行。它以振兴为核心仪式，广泛整合了各种装备和演出，用篝火的光亮代表着城市生活的新生。"水上焰火"，现在作为一年一度的节日，已经吸引了超过一千万人次来访普罗维登斯市，使这里变成了一个目的地，它激活了这座城市的无限可能，照亮了城市的未来。

取悦型

灰色世界: 栏杆
GREYWORLD : RAILINGS

英国伦敦, 法国巴黎
LONDON, UNITED KINGDOM; PARIS, FRANCE

背景

1997年未经许可而安装在公共空间的护栏在巴黎和伦敦到处都是，它们用来替换那些场所早就存在的金属栏杆。一些护栏现在还保留着，特别是在这两座城市的中心。据Greyworld工作室所言：公共艺术就是要打破规则，什么是公共艺术？是骑在一匹马上的铜制人像，或者是城市规划者们热爱的被仔细打磨剖光的石头？他们以欣赏的眼光重新审视城市空间中的元素，从这里开启艺术品的创造，让一些原本平淡无奇的地方产生充满创意的表达。

方案

捡起一个树棍并且沿着一组栏杆奔跑，制造出可爱的咔啦咔啦的声响，护栏栏杆就可以演奏出简单愉悦的旋律。当我们还是小孩时，我们喜爱这样做，而成年以后却遗忘了。Greyworld工作室选择了诸如小片绿地、路边小巷这样一些空间有限的地点，在这些地方，他们采用三选一的方法将护栏改造，这样当你拿着一个棍子沿着栏杆跑起来时，栏杆就能播放出《来自依帕内玛的女孩》(The Girl from Ipanema)这样的歌曲。

这里并没有张贴一个告示让过路的人们得知这项革新。而建筑师希望的恰恰是人们就这样不经意地捡起一个木棍，演奏起来，无论这个栏杆会不会有旋律播放出来，都很美好。

取悦型

共同合作者: 土地设计事务所,
HÖWELER +YOON建筑事务所,
LINOLDHAM办公室, 合并建筑师事务所,
MOS, SSD, 卢斯工作室, UNI,
UTILE INC等设计机构联合体:
片段墙面, 悬垂绿化
IN COLLABORATION:GROUND,
HÖWELER +YOON ARCHITECTURE,
LINOLDHAM OFFICE, MERGE
ARCHITECTS, MOS, SSD STUDIO LUZ,
UNI, UTILE INC, AND OVER, UNDER
PARTI WALL, HANGING GREEN

波士顿, 美国马萨诸塞州
BOSTON, MASSACHUSETTS

背景

在波士顿的城市景观进化中，随着发展模式的变迁，产生了大量开发遗留空地。裸露的片段墙面（矮的隔断墙或者地段的界限墙）是这种不均匀发展的后遗症。这些空白的城市地块和它们可预见的应用，典型的就是组成分级停车场，由波士顿地区年轻的建筑师群体创造的"悬垂的绿色"，即垂直绿化项目，使得这些墙体成为"片段墙面"项目理想的实验地。

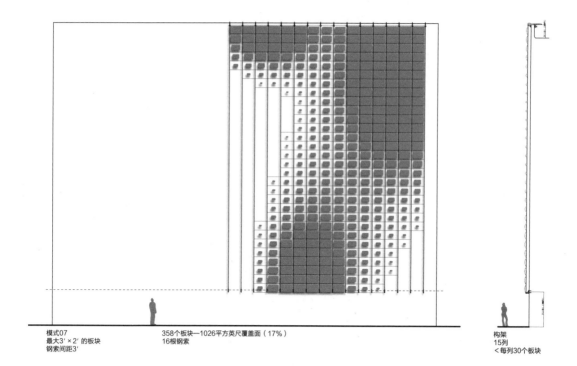

模式07
最大3'×2'的板块
钢索间距3'

358个板块一1026平方英尺覆盖面（17%）
16根钢索

构架
15列
<每列30个板块

方案

　　"片段墙体，悬垂绿化"的组成是这样的：从绳索上悬下来的植被划分成一个个面板，同时它们又一起构成了整幅抽象图案。它们致力于转化城市环境的特质与肌理，舒缓视觉，丰富了色彩和纹理，同时也隔离与吸收噪声，减弱暴风雨的冲刷，以及缓解温室效应。

　　基于这样的理念：倡导一种在城市每个角落都可以应用的单元体系，这个项目成为一个样本。经过多个品种的草本与地被植物的实验组合，建筑师们选择了景天属植物，因为这种植物既有良好的视觉效果同时也有很强的适应性。

　　托盘化的植被装置使得每一个独立的单元方便移动，而且还可以轻松替换不同款式。希望这个样本可以展示说明实现垂直绿化景观的可行性，以及推动更大范围

的关于城市生态、微气候环境，以及植物应用的探讨。

　　　　　　　　　　　　　　取悦型

片段墙面，悬垂绿化

珍妮特·艾克曼:
"她的秘密是耐心"艺术装置
JANET ECHELMAN:
HER SECRET IS PATIENCE

凤凰城，美国亚利桑那州
PHOENIX, ARIZONA

背景

凤凰城从来没有一个可以供居民们随性消磨时光的公共聚集场所。新落成的跨越两个城市街区的公民空间公园（Civic Space Park）正是要打造一个诱人的公共空间以培育一种社区凝聚力。艺术家珍妮特·艾契曼(Janet Echelman)的雕塑《她的秘密是耐心》(Her Secret is Patience)悬置在公园的中心，作为新的地标形象代表着这座城市的文化属性。这个雕塑制造了一种超凡脱俗的感觉，然而同时又与周围环境相协调，无论是夜晚还是白天这一切构成了强大的视觉魅力吸引着人们来到这片公共区域。

方案

这个145英尺高的雕塑同时也是一座纪念碑，尽管它半透明的波浪造型柔软又灵活。它如此轻盈，在风的鼓动下翩翩起舞，调动了人们的情绪与肢体，吸引着观者在雕塑下面的草坪上躺下来，久久不愿离去。《她的秘密是耐心》高悬在半空，这迫使人们的目光投向天空，也使得这个雕像对城市公园的打扰实现了最小化，进而实现了这里在同样面积的情况下，既可以作为休闲娱乐场所同时又充当了城市地标。正如当地导游玛丽卢·诺德（Marilu Knode）所说，"凤凰城终于有了自己的心房。"

取悦型

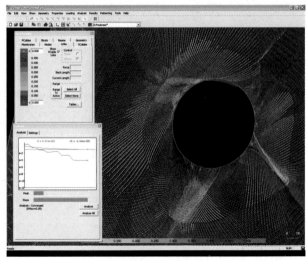

这个雕塑的多层结构由手工圈套和机制结网相结合而成，是由获奖工程师们组成的国际化团队通力合作的产物。白天，这个高韧度聚酯网做成的雕塑在地面上投下的影子形成图画，灵感正是来自凤凰城的云影。作为户外雕像，作品呈现出精致又朦胧的独特气质，而且与周围环境景观如此协调。《她的秘密是耐心》的视觉形式参考了当地的沙漠植物（比如夜晚开放的仙人掌）、凤凰城无与伦比的季风云构造，以及这个城市的地质学历史（当地保存的化石有力地证明了这里曾经是充满海洋生物的一片汪洋）。夜间照明仅起烘托作用，仍以纤维网为主导，不妨碍整张网自身色彩丰富性的呈现，并且，照明程序还随着季节不断变换颜色。雕塑自身的照明设计也不断变化，同时，部分不使用照明的，保留朦胧的神秘感。

取悦型

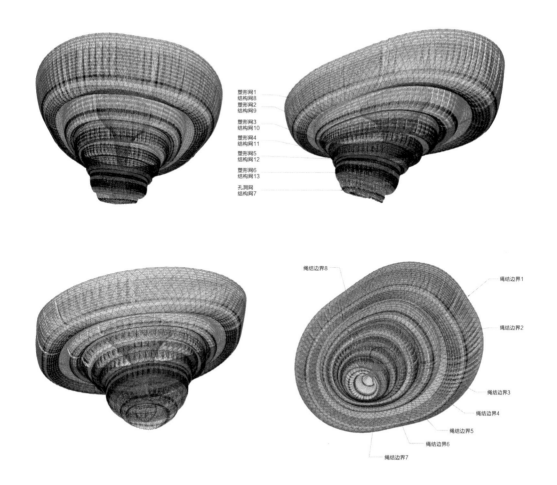

塑形网1
结构网8
塑形网2
结构网9

塑形网3
结构网10

塑形网4
结构网11

塑形网5
结构网12

塑形网6
结构网13

孔洞网
结构网7

绳结边界8

绳结边界1

绳结边界2

绳结边界3

绳结边界4

绳结边界5

绳结边界6

绳结边界7

"她的秘密是耐心"艺术装置

nARCHITECTS建筑工作室:"华盖"竹子装置
nARCHITECTS: CANOPY

长岛市,美国纽约州
LONG ISLAND CITY, NEW YORK

背景

"华盖"竹子装置位于纽约长岛是nARCHITECTS事务所为长岛P.S.1当代艺术中心(P.S.1 Contemporary Art Center)的庭院而创造的一个临时构筑。这个庭院空间举办每周一次的Warm Up音乐会,在夏天的每个周六这里都吸引着八千狂欢者。

方案

"华盖"(Canopy)这个单词既可以说是类似屋顶的结构也可以指代森林里最顶部的那个范围。建筑师发展了"深层景观"(deep landscape)这个概念,用一种材料将场所中既有事物(大地,混凝土墙,天空)的边界缝合在一起。"华盖"用绿色的竹子建造,存在了5个月。其间,它作为主人接待了超过十万参观者并

且进行着缓慢的转变,作为新鲜收割的翠竹,它从嫩绿变成棕褐,让来访者以一种直观的方式体会到时光带来的改变。

"华盖"项目依托单一的构造体系,既是结构形式,也是遮阳装置同时还营造气氛。波浪形竹格栅中一簇簇拧在一起的节点在地面上投下影子,形成有密度的花纹图案铺满整个庭院。"华盖"下垂的部分定义出一些风景不同的户外小厅。每个休闲厅都有着不同的模式:"水厅"(Pool Pad)配有一个巨大的涉水池;而"雾厅"(Fog Pad)环绕着一圈喷口,向狂欢者释放着带着光晕的冷气;"雨林厅"(Rainforest)以来自自然环境和人的声效为特色,这里制造出间歇性的暴雨不时地将人群淋个透湿。而"沙峰"(Sand Hump)被沙子覆盖,供人们最大限度地暴

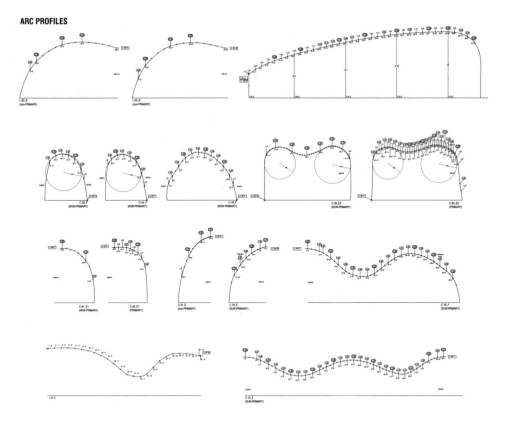

露在阳光里或是充分享受阴凉。

　　这个项目的挑战在于：天然材料本质上有着易变的特点，却要以它的物理形态实现精确的几何结构。建筑师以三维参数模拟了"华盖"中的每一个拱，然后以二维立面的形式输出图纸，并在图上标注出拱的准确长度以及节点位置。拱的类型，外轮廓，和临界半径限定了其支撑杆的选择、定位以及拼接方法。建造这个结构本身花费了七周时间。而在此前，nARCHITECTS团队中的建筑系学生和新晋毕业生，用了六周时间来现场测试每个拱的形状以确定它的最大跨度、最小弯曲半径以及重叠部分的尺寸。这个项目使用了3万英尺来自佐治亚州的新砍伐的

Phyllostachy aurea竹，它们柔韧、翠绿，被劈成条状并用3.7万英尺不锈钢钢丝捆在一起。最终的华盖格架作为一个多维网状结构，包含了超过300个独立的拱形，而每一个拱的形状都精准的依据数字模型成型。

　　在夏天结束的时候，nARCHITECTS团队将这些竹子作为原材料卖给了艺术家马修·马内（Matthew Barney），后者要用这些竹子为电影场景搭建脚手架。每个人都设想这些竹子经过那么强有力的长时间的塑形，也许已经没有弹性了，然而令人吃惊的，当这些竹子被解除约束的瞬间，它们立刻舒展恢复成原先笔直的状态。

取悦型

"华盖"竹子装置

赵·本·霍尔贝克及合伙人事务所:
家庭户外剧场
CHO BENN HOLBACK+ ASSOCIATES:THE HUGHES FAMILY OUTDOOR THEATER

巴尔的摩, 美国马里兰州

BALTIMORE, MARYLAND

背景

美国梦幻艺术博物馆（The American Visionary Art Museum，AVAM）致力于研究、收集、保护以及展示自学成才的艺术家们的作品，并且运用这样的艺术来探讨和拓展关于有意义的生活的定义。

罗斯空想中心（The Rouse Visionary Center）位于美国梦幻艺术博物馆园区中，由赵·本·霍尔贝克及合伙人事务所 Cho Benn Holback + Associates设计，致力于实现后都市空想家吉姆·罗斯的目标。

空想理念中心（The Center For Visionary Thought）就在这个建筑中，它推广低造价的草根解决方案来改进城市生活，同时进一步发展Rouse的信仰："城市意味着一个可以生长出美丽人民的花园。"博物馆试图体现这个理念，通过敞开它的大门，拥抱社会，颂扬城市的生活与艺术。

方案

美国幻想艺术博物馆于2005年春天开

1　吉姆·罗斯（Jim Rouse），美国著名的企业家、空想家，美国最早的社会企业的实践者之一。——译者著

　　　　取悦型

始了它的名为"Flicks From the Hill"的户外家庭电影系列计划。受来自意大利Little Italy's户外电影系列项目启发，梦幻艺术博物馆充分利用附近联邦山公园（Federal Hill）的优势，这里有着三层结构的建筑和绿色草坡，以它作为户外露天剧场，能够轻松容纳千人以上就座，并且带有清晰的视觉和音响效果。在温暖的天气里，在星光下，Federal Hill公园是人们相聚看电影的理想栖息地。市政府热情高涨地批准了这个应用申请。于是整个夏季的每个周四这里都有电影上映，而主题正是围绕近期在博物馆中展示的展览内容。

美国梦幻艺术博物馆董事会成员Patrick Hughes创立了Hughs家庭户外剧场项目，启动资金用于采购以及在罗斯幻想中心的后墙上安装一个巨型户外电影屏幕，高达32英尺，同时还有一个引人瞩目的12英尺高的金色大手，由亚当·库兹曼（Adam Kurtzman）雕塑。它从屏幕上空垂下，制造出一种"神圣之手"的错觉，仿佛是这只手承载着这个大众电影屏幕。

取悦型

家庭户外剧场   201

D'ARC建筑师工作室与
杰里米·博伊尔：V365/24/7
STUDIO D'ARC ARCHTECTS WITH
JEREMY BOYLE: V365/24/7

匹兹堡，美国宾夕法尼亚州
PITTSBURGH, PENNSYLVANIA

背景

V365/24/7是一个由建筑师工作室 Studio D'ARC Architects与艺术家杰里米·博伊尔（Jeremy Boyle）在匹兹堡城市伙伴公共艺术竞赛（Pittsburgh Downtown Partnership's Public art competition）中为草莓大道而设计的合作项目，这条路是一条繁忙的、横穿三个街区的城市步行大道。V365/24/7提案以独特的对于光线的理解回应了草莓大道沿线的基础环境，并实现了两全其美的目标：既自给自足又方便拆装。定义这个通道的主要元素正是自然光线、高耸的竖向空间及其与人行通道的地平面构成的相互关系，特别是其中一个街区与城市AT&T大楼、Reed Smith大楼和第一路德教堂（First Lutheran Church）三者紧密相关。

方案

观察这条街的光线以及由第一路德教堂的尖顶投射在AT&T大楼上的影子，设计团队意识到这条街上光与影的关系在全年中的不同时刻完全不同。由此，他们产

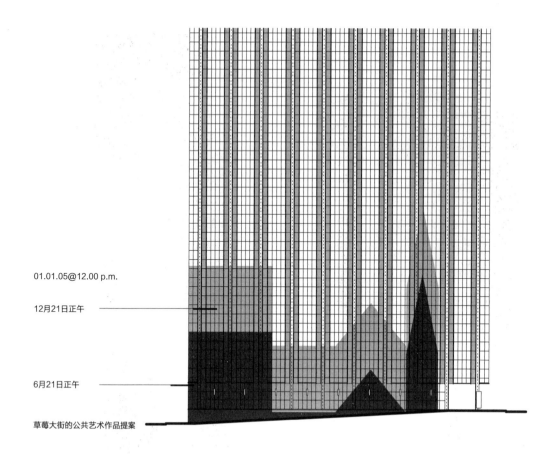

01.01.05@12.00 p.m.

12月21日正午 ————

6月21日正午 ————

草莓大街的公共艺术作品提案

生了一个想法，收集这个狭窄高耸空间的光线，最远始于这条街道最低处所能达到的极限，并且将这种能量转化为一种草莓大街上的崭新形式与体验。位置，一天中的不同时刻，以及此时所处的季节，这些信息被暗示出来，陪伴着这条街上每日通勤的人们。

通过AT&T大楼上的一个太阳能集成板，将采集到的阳光转化为电能，计算机据此生成运算法则，这个算法大致翻译

了众所周知的作曲家维瓦尔第（Vivaldi）的那首乐曲：《四季》（The Four Season）。选择这个音乐正是因为它与时间和季节的直接联系，当然还因为它的家喻户晓。这个声音信号沿着草莓大街蔓延，抵达固定在这条街上的四个扬声器。音乐整日周而复始的缓缓流淌，正如这段旋律的原创者维瓦尔第所创作的乐曲，这独特的音乐以365天的演奏阐释着时光，无论是一天还是一年。

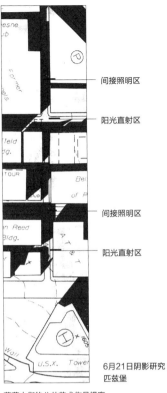

间接照明区

阳光直射区

间接照明区

阳光直射区

6月21日阴影研究
匹兹堡

草莓大街的公共艺术作品提案

间接照明区
闭合且明确的外轮廓

阳光直射区
不闭合且不确定的外轮廓

选定的场地区域
6月21日阴影研究
匹兹堡

概念手绘（在阴影中制造事件）

草莓大街的公共艺术作品提案

光线作为一种自然的源动力

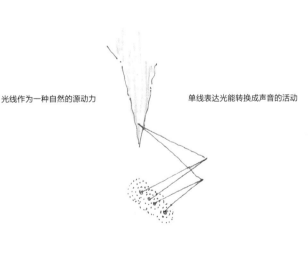

单线表达光能转换成声音的活动

马克·瑞安与梅梅·克拉茨："新北部"项目
MARK RYAN STUDIO WITH MAYME KRATZ: TRUENORT

坦培，美国亚利桑那州
TEMPE, ARIZONA

背景

"新北部"（trueNorth）项目，位于亚利桑那州坦培市北的外围，紧邻坦培湖（Tempe Town Lake）的东南岸。作为坦培艺术家中心（Temple Center for the Arts）的一部分，它以"水边营火"为设计理念。

方案

TrueNorth的主要的功能是一个炉膛般的所在，一个相聚的场所以及凝聚整个艺术中心自身乃至周围社区的焦点。

它提供了座位，还方便轮椅抵达，并且还设有排水系统和关于水循环的设计考量。为了营造一处有意义的场所节点，它尝试超越仅仅满足项目必要的实用功能需求。从远处看，这个作品外观设计的出众之处似乎在于它的个性化，而走到近前时，又可进行更亲民的解读。项目同时拥有内向的个性，和超越建设用地边界的外向的凝聚力。

扎根于这个历史悠久的独特场所，trueNorth的灵感来源于北美印第安人关于

伟大精神的神话。这个故事世世代代在不同部落间流传，讲述的是一个伟大神灵受命为不同种族的人们守护大地、风、火和水，并且为其中每一种自然力确定了一个方位。当面向北方时，伟大的神灵会燃起火焰。

从艺术中心半圆形平面的几何中心出发，一条直线精准的指向正北。这个轴线从这个项目用地向外放射，一直延伸穿越水面，经过Papago Buttes山脚下直到骆驼峰山（Carnel back Mountain）并伸向远方，当两座炉膛的火焰点燃。当通过一个巧妙设置的小孔观看，两个独立的火苗连接成一条线，形成蔚为壮观的场景。

从前在这里散步会发现有趣的、有点意想不到的景象。地面仿佛在闪着火花。关于这一现象的照片，被认为是当地的星座图，它被描绘在黑色混凝土底座表面，根据这张图布置了120个的树脂棒。在这些树脂棒中悬挂着：有关这个项目过程的图画、信件、电影剧本、乐谱，甚至来自这个场所的自然采集物，也许这就是这个项目有些特别的部分吧。

取悦型

罗伯特·罗维拉与
阿琪马斯工作室: I-880 入口
ROBERTO ROVIRA AND
AZIMUTHSTUDIO:I-880GATEWAY

奥克兰,美国加利弗尼亚州

OAKLAN, CALIFORNIA

背景

880号州际公路不可否认是奥克兰车行与步行景观的重要组成部分。庞大的高速公路替代了原有的城市结构,割断了复兴的滨水区与城区之间的连续性。甚至在高速路的桥下空间区域发生大量行人交通事故,不可否认这些是汽车文化的产物。混凝土柱的森林,头顶之上厚重的混凝土板,带超大尺寸转弯半径的斜坡以及表面堆积的尘埃,这一切表明这简直是一个专门为汽车而设计的场所。于是一场设计竞赛应运而生,它明确呼唤一个新的城市门户以扭转这种几乎无法被原谅的局面。

方案

"I-880入口",这个设计竞赛获胜的入口设计,倡导了一种体验式的人行与车行通道,它要回应这个环形城市高架先天固有的品质,而不是将其隐藏。这个提案倾心于高速路语境下的"天然"要素:护栏、回收汽车轮胎、LED灯和红色油漆

取悦型

安全标语。在转变高速路的空间形态的同时，又拥抱其空间原本的内在特征，这些高速路的素材语汇在此处变成设计的核心部分。由于不方便应用，通常在考量采用何种建筑材料时，交通基础设施领域的素材是会被排除在外的。而在这个方案里，它们被缠绕在漆成亮色的柱子上，从而帮助消解高架桥突兀强势的尺度。

虽然不是所有建议的元素都被采纳了（比如在马路侧冀设置的回收橡胶制成的波浪形步道以及一个可以记录高架上车辆运行情况的脉冲LED灯），但是用高速路护栏材料打造的雕塑感的墙面，亮色的粉刷，以及带有照明的红色柱子，这一切创造了一种语言，似乎在表达城市里大量存在的间隙空间，虽然原本是车行交通设计时产生的，但是显然也在逐渐渗入城市步行者的空间体验。

取悦型

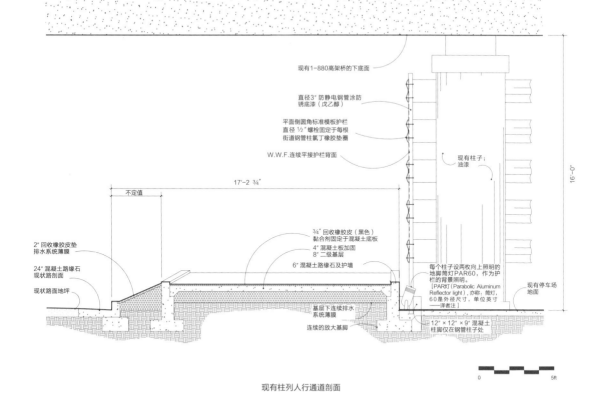

现有1-880高架桥的下底面

直径3″防静电钢管涂防锈底漆（戊乙醇）

平面倒圆角标准模板护栏直径 ½″螺栓固定于每根街道钢管柱氯丁橡胶垫圈

W.W.F.连续平接护栏背面

现有柱子；油漆

16′-0″

17′-2 ¾″

不定值

¾″回收橡胶胶皮（黑色）黏合剂固定于混凝土底板

4″混凝土板加固

8″二级基层

6″混凝土路缘石及护墙

2″回收橡胶皮皮垫排水系统薄膜

24″混凝土路缘石现状路剖面

现状路面地坪

每个柱子设两枚向上照明的地脚筒灯PAR60，作为护栏的背景照明。[PAR灯（Parabolic Aluminum Reflector light），亦称：筒灯，60是外径尺寸，单位英寸——译者注]

现有停车场地面

基层下连续排水系统薄膜

连续的放大基脚

12″×12″×9″混凝土柱脚仅在钢管柱子处

现有柱列人行通道剖面

0   5ft

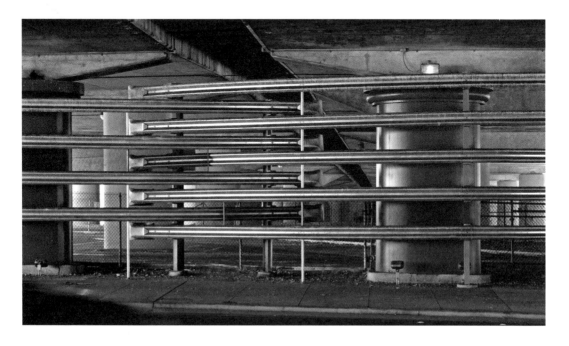

SHoP建筑师事务所: 米切尔公园
SHoP ARCHITECTS: MITCHELL PARK

格林港，美国纽约
GREENPORT, NEW YORK

背景

米切尔公园（Mitchell Park）位于格林港（Greenport），这是一个历史悠久的海港，处于长岛诺斯福克东部边界。这个港口临近农田和一个带顶棚的深水港，后者在其漫长的历史中一直服务于商业和休闲娱乐业。格林港创建于1838年，过去一向以引人注目的时代变迁而闻名。1996年，这个城市启动了一场长达九年的运动，以复活这里的公共场所、商业及休闲基础设施。米切尔公园是这场运动的核心，它逐步推进，一开始以国家和当地政府援助的方式打包收购私人土地。这个项目的用意是在现有交通和商业设施基础上，通过兴建一系列网点式的休闲亭和公用组合设施来激活这个区域。

方案

这个五英亩的项目用地最远覆盖了位于诺斯福克（the North Fork）的长岛铁路站（Long island Rail Station）以及西边的谢尔特艾兰码头（the Shelter Island ferry terminal），并延续到最东端的码头和商业区。这些目的地之间的空间，以硬木的滨水栈道、青石勾勒的路网和砾石夯实的小径连接起来。在这个项目基地的视觉中

心，公园的建筑集群以一个多功能广场为圆心，呈放射状布局。

功能广场包含圆形露天剧场开敞的季节性冰场，在夏天最温暖几个月里这就变成了一个薄雾花园。薄雾花园周围环绕着带古董旋转木马的现代小屋，遮阳藤架，机械用房以及照相暗房。建筑群调色板一般的外衣〔重蚁木（ipe，世界上质地最密实的硬木之一。——译者注）、雪松、镀锌〕与海岸风光相呼应，直到经历时光染上铜绿色。旋转木马屋（the Carousel House）被设计成放射状，使得室内感受与室外风光融为一体。这个结构适于全年使用，12个由钢与玻璃构成的折叠门——每隔14英尺高就断开成独立的部分，可以灵活地实现被动式温度调控。门的表皮设计源自对波浪运动模式的研究，同样的运动模式还出现在位于培科尼克（Peconic）的旋转木马奔跑时。

而暗箱建筑（the Camera Obscura）则是一个罕见的项目，含有意味深长的历史性与科学性的基础。"黑屋"利用一个镜子和透镜组合将室外景象投影到漆黑的室内房间里。这个建筑由2300块独立的不同结构构件组成，这些配件经三维建模，激光切割，然后贴标注明为某一部分的组件以便运送到现场实现完整的组装。此外结构技术的创新、材料，以及空间上的透明性也起了辅助作用，共同实现了暗箱现象的建筑体验。

从米切尔公园可以抵达两个用于高桅横帆船的深水码头，去往来梅岛（Plum Island）的轮渡服务，以及一个可以停靠62艘过路小船的浮动码头。这个浮动码头由港口管理中心提议，选址在用地的最东边。这里还为大众提供了带淋浴设施的休息室、信息亭、港口管理中心，以及一个挑高的全景户外吧台，从这里可以获得米切尔公园包含邻近岛屿全景画面。港口指挥控制中心则是米切尔公园名副其实的步行终点。公园的小路和栈道从西向东迂回蜿蜒，结束在指挥中心的观察甲板。站在这个得天独厚的位置，可以驻足和眺望组成米切尔公园的这一切：道路，沙丘和建筑群。

取悦型

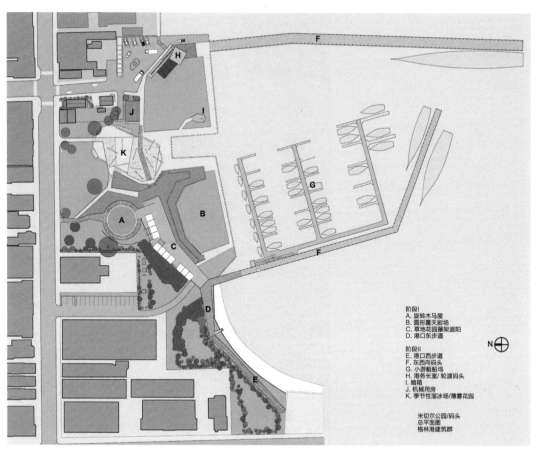

阶段I
A. 旋转木马屋
B. 圆形露天剧场
C. 草地花园藤架遮阳
D. 港口东步道

阶段II
E. 港口西步道
F. 东西向码头
G. 小游艇船坞
H. 港务长室/轮渡码头
I. 暗箱
J. 机械用房
K. 季节性溜冰场/薄雾花园

米切尔公园/码头
总平面图
格林港建筑群

N

米切尔公园

取悦型

米切尔公园   219

奥拉维尔·埃利亚松[1]工作室：纽约城市瀑布
STUDIO OLAFUR ELIASSON: THE NEW YORK CITY WATERFALLS

纽约，美国

NEW YORK, AMERICA

背景

奥拉维尔·埃利亚松工作室的纽约城市瀑布项目（The New York City Waterfalls）由四个纪念性的临时人造瀑布组成，定位在纽约历史保护街区的四个不同地点：布鲁克林大桥的布鲁克林锚所在地，布鲁克林大桥第4和第5桥墩之间，曼哈顿下区35号支柱，以及总督岛（Governors island）北岸。瀑布设计意图是打造纽约城除工业与商业景观环境之外的自然风光亮点。特别是，这个项目还致力于吸引人们关注河边地区，关注它曾经

和现在的使用、体验的发展变化。

方案

纽约城市瀑布在2008年6月26日到10月13日之间吸引了大约1400万人来到这里参观，创造了一次独一无二的机会，使人们独自或结成团体，通过观赏艺术作品的方式与城市互动。观者可以以多种方式体验这个瀑布，包括按照经典景点推荐，沿着河岸骑自行车穿过瀑布，也可以选择东河（East River）中专门的轮渡和行

1　埃利亚松（Eliasson），国际知名的丹麦/冰岛艺术家，过去二十年间，他的装置、绘画、摄影、电影和公共项目已经成为观众用以探索认知文化语境的途径和工具，曾于2018年在红砖艺术馆举行北京首次个展。——译者注

船路线。据一项调查显示，百分之二十三的参观者第一次欣赏这件纪念性公共艺术品是在曼哈顿下城或布鲁克林喷泉两处。而且，公共艺术基金组织（the Public Art Fund）联合政府机构以及环境保护组织一起策划的纽约第一个K-12[1]公共艺术教育课程，纽约城市瀑布项目为范本。人们可以通过拨打纽约311城市热线获取关于Eliasson发起的这个计划更详细的情况。

纽约城市瀑布的设计最大限度地考虑了当地环境和生态：进水过滤池和专门的泵位设在河道下，以保护鱼类和水生生物；瀑布流动所需的电力由可再生能源产生；夜晚的照明采用的是LED灯。而且纽约城市瀑布所采用的材料百分之九十都可以在其他建设项目中再利用，因而可以得出这样的结论：作品的一部分以另一种方式一直存在下去。

1　K-12是kindergarten through twelfth grade的缩写，指幼儿园（5～6岁）到十二年级（17～18岁）美国、澳大利亚的 English Canada基础教育阶段的通称。——译者注

　　　　　　　　　　　　　　　取悦型

图片版权索引